ワインの教科書

IDP新書
015

まえがき

ワインは、人類がつくって飲んだ初めての発酵アルコール飲料といわれ、非常に古い歴史があります。また、ワインはそれぞれが歴史や豊かなストーリーを有しています。

例えば、ワインの成分の話から牛丼とワインとの深い関係、さらにクレオパトラが愛したワインや世界の半分を征服したアレキサンダー大王のワイン、ナポレオンが愛したシャンパーニュ、日本の戦国時代の三英傑のワイン（葡萄酒）にまつわる話など枚挙にいとまがありません。

現在、世界で広く飲まれているワインの1年間の消費量は、約250億リットル（東京ドーム20杯分）。なかでも消費国のトップは、アメリカで33億リットル（東京ドーム2・7杯分）。2位がフランス、3位がイタリア、4位がドイツ、5位が中国です。日本は17位（3億8000万リットル、東京ドーム0・3杯分）になります。

1人当たりの年間消費量ランキングのトップはポルトガル。なんと62・1リットルを飲み干し、ワインボトルに換算すると83本分に相当。4～5日に1本は飲んでいる計算です。まったく飲まない人もいるなかでの平均本数ですから驚く量です。次いでフランスが50・2リットル、イタリアが43・6リットルと続きます。年間消費量トップのアメリカでも、1人当たりは12・4リットルほど。日本は3・2リットルですから、これから消費量が伸びていくことでしょう。

ワイン文化は、もとより欧米のもので、その文化を理解することで、より美味しく、かつ楽しくワインと接することができるのではないでしょうか。

本書では、基礎的なワインの知識やワインに関するストーリーなどの蘊蓄《うんちく》をオムニバス形式でまとめています。ワインに関心はあるけどよくわからない、もっとワインについて知りたいと思っている方にぜひ読んでいただいて、より豊かなワインライフのお役に立てれば幸いです。

金内　誠

目次／ワインの教科書

目　次

目　次

プロローグ

日本に「ワイン」という名はない⁉

ワインは、主としてブドウの果汁を発酵させたもので、世界の多くの地域で飲まれているアルコール飲料の一つです。フランス語ではヴァン（vin）、英語ではワイン（wine）、イタリア語ではヴィーノ（vino）、ドイツ語ではWein（ヴァイン）といい、いずれもその語源は、「ブドウ酒」を意味するラテン語のヴィヌム（vinum）です。

しかし、日本では「酒税法第3条」における酒類の分類上、果実酒＝「果実を原料として発酵させたもの」と規定されています。つまり、ブドウ以外にもリンゴや洋ナシ、モモ、サクランボなど、果物（果実）からつくったお酒すべてが果実酒となるわけですから、ワインは果実酒の中の一つであり、公式な用語としての「ワイン」は存在しないことになります。

ただし、2018年国税庁によって「果実酒等の製法品質表示基準」が公布され、日本の法律用語として歴史上初めて「日本ワイン」という言葉が使われました。

ワインを世界に広めたブドウの特性

果実酒の中では、ブドウを原料とした「ワイン」が世界的に主流です。これにはいくつか理由があり、ブドウのもつ特性によるところが大きいといえます。

まず、世界の広い範囲で生育できることが挙げられます。ブドウを栽培する気温の条件は、年間平均気温が10℃から20℃で、北半球では北緯30度から50度、南半球では南緯20度から40度近辺の地域がこれに当てはまります。低緯度でも、標高が高い地域ならば気温は下がり、ブドウ栽培に適温となります。日本の場合は、沖縄以外、鹿児島までの広い地域で、ブドウの栽培適地にすっぽりと入ります。

果物のなかでもブドウは糖度が高い

次の特性は、これらの地域で生育できる果物の中で、ブドウの糖度が一番高いことです。果汁の糖組成はブドウ糖と果糖、ショ糖です。酵母の発酵によって果汁をアルコールに変換しますが、糖の量が少ないと十分な濃度のエタノール（アルコール）が生成できなくなり、アルコール度数が低くなります。そのため、十分な糖を含んだ果実が必要なのです。

ブドウより糖濃度が高い果物は、バナナやパイナップルです。しかしこれらは、熱帯の地域でしか生育できません。また、ブドウに次いで糖度が高いのはメロンやリンゴですが、糖度はブドウに勝るものではありません。

さらに、ブドウは、黒ブドウと白ブドウという品種が存在することが特徴です。これによって特徴が異なるワインができます。

以上の理由により、ワインは昔からブドウでつくられてきたのです。

「日本ワイン」と「国産ワイン」の違い

これまでの日本の酒税法では、ワインという用語はありませんでした。ところが、２０１８年に発布された告示、「果実酒等の製法品質表示基準」により、初めて「ワイン」についての規定が盛り込まれたのです。この告示は国際規定にならった厳格なもので、人によっては、「日本版のワイン法」とも呼んでいます。

この告示が出されるまでは、日本では「国産ワイン」という呼称が使われていました。日本国内で発酵させてワインに仕上げたものが「国産ワイン」です。そのため国産ワインのなかには、海外産の濃縮したブドウ果汁を水で適度に薄めて、日本国内で発酵させてワインに仕上げたものもありました。さらには、安価なワインと輸入ワインや海外産の濃縮したブドウ果汁からつくったワインを混ぜ、日本国内でビン詰したものも「国産ワイン」と表記していました。

実は「日本ワイン」と「国産ワイン」は単なる言葉の違いだけでなく原料のブドウの違いでもあるのです。新しい告示で「日本ワイン」は、国産ブドウを100％使用し、国内製造することと定義されました。これまでの海外産ブドウや濃縮果汁を原料としてつくられたワインは、日本ワインとは呼べません。また、原産地域の表示もその地域のブドウを85％以上使用することが必要です。

一方、従来の「国産ワイン」は、海外から輸入したブドウや濃縮果汁を薄めて国内で発酵させたワインや、輸入したワインを国内でビン詰めしたものも含みます

（2012年の統計によると、約80％は「国産ワイン」）。

「日本ワイン」のラベルには、日本国内で収穫されたブドウを用い、日本国内で醸造されたことを示すほか、条件を満たせばブドウの収穫年度、地名、品種などが表記できるようになったのです。

これは消費者がワイン選びをする際にとても有用な情報となるだけではありません。これまでは統一規格がないため、日本は「ワイン後進国」と見なされていました。そのため、品質が良くても国際競争力がなく、国内外の多くの消費者の間では、日本のワインは安価で品質が低いというイメージが根強くあったのです。

ワインは原料となるブドウの地域特性・個性がより強く出ます。これをテロワールという言葉で表現します。テロワールは、その地域の食材にも及び、今、ワインと生産地の環境や食材、料理を共に楽しむワインツーリズムが注目されているのです。

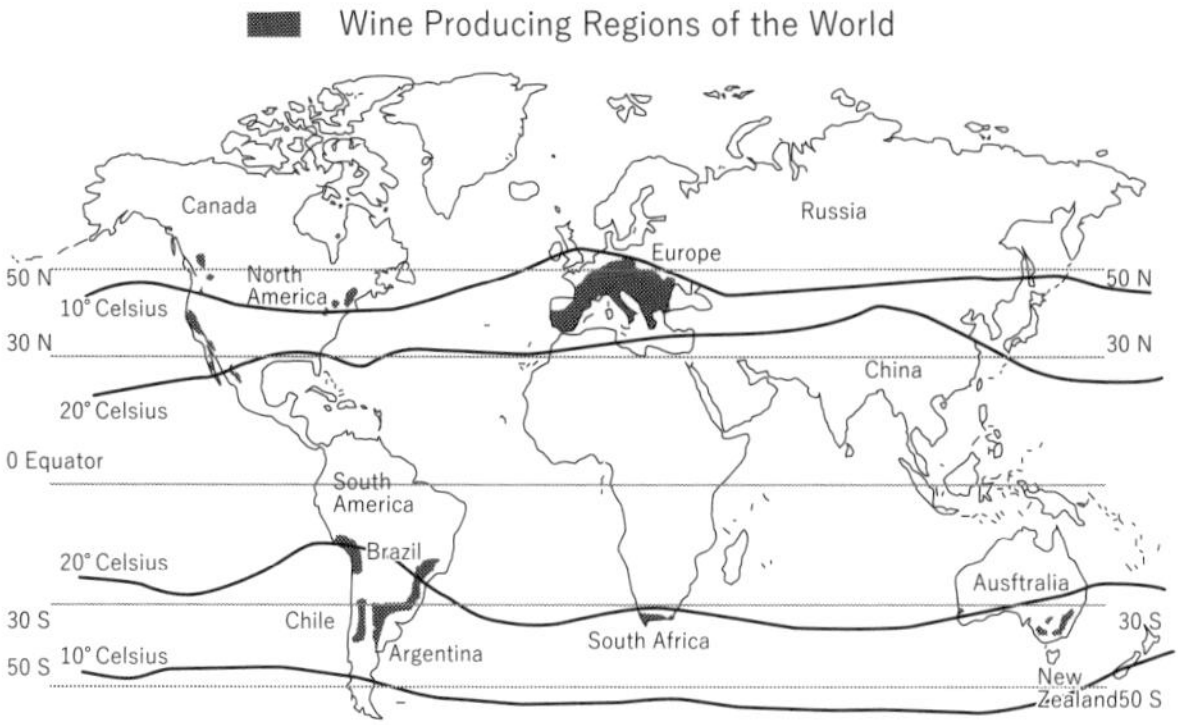

ブドウ栽培地域

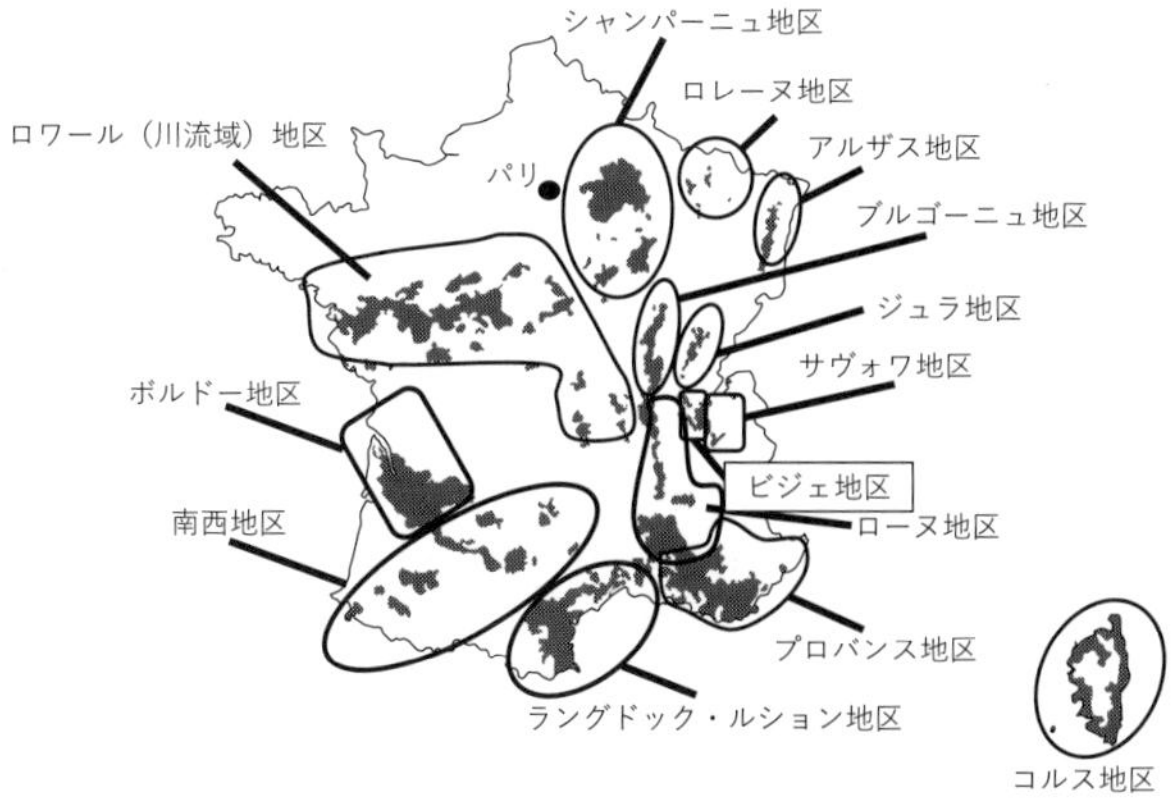

フランスのワイン主要産地

1　ワインは機能性食品である

フレンチパラドックスとは——赤ワインと心疾患の減少

1992年、ボルドー大学が「フランス人は、他のヨーロッパ諸国の人々よりもチーズやバターなどの乳脂肪、肉類、フォアグラなどの動物性脂肪の摂取量が多いのにもかかわらず、動脈硬化の患者が少なく、心臓病の死亡率も低い」という報告をしました。

従来は「動物性脂肪を好む人は、動脈硬化になりやすく、心臓病にもなりやすい」とされてきました。そのため、この矛盾を含んだ現象は「フレンチパラドックス」と呼ばれるようになりました。

ここで注目されたのは、フランス人はワインをよく飲み、特に赤ワインを好んで飲んでいることでした。そのため赤ワインに含まれているポリフェノールが、心疾患の発生率を減少させているのではないかと推定され、これをアメリカのＴＶ番組が取り上げたところ、放送翌日には、赤ワインの消費量が44％も増加したといいます。

赤ワインに含まれるポリフェノールが、抗酸化作用を示し、血小板凝集を抑制す

フレンチパラドックス

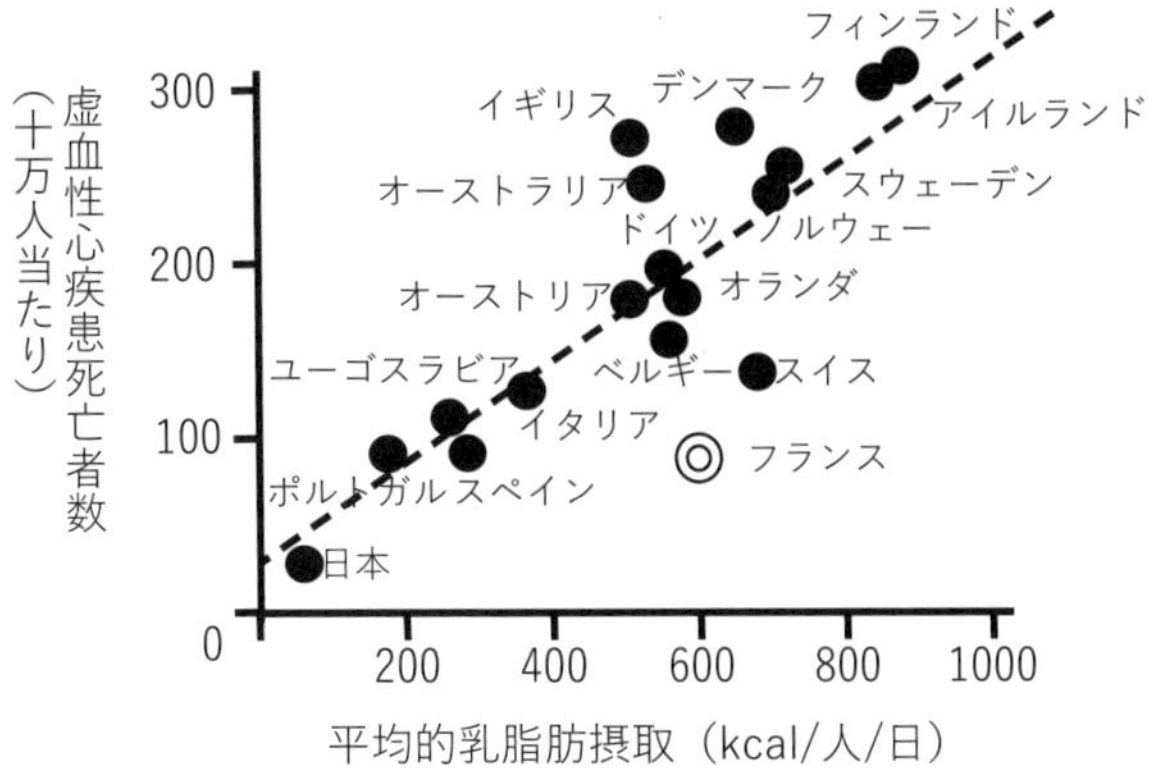

乳脂肪酸摂取量の割にはフランスだけが
虚血性心疾患による死亡者数が少ない

ることで血栓症のリスクが減少したと報告されたのです。このことから赤ワインと心疾患減少という「フレンチパラドックス」が脚光を浴びることになりました。

動脈硬化を予防するはたらき

ヒトは呼吸によって酸素から過酸化水素やヒドロキシルラジカル、スーパーオキシドアニオンなどの酸化を誘発します。この過酸化物質は、体の「サビ」と表現され、酸化が起きると、連鎖反応的に脂質やDNA、タンパク質の細胞を損傷させてしまいます。
通常はＤＮＡが損傷されても修復機構が働きますが、酸化によって、高頻度で修復ミスが発生し、突然変異やがんの原因となるのです。さらに、タンパク質の酸化は、生体内で代謝にかかわる酵素の阻害や変性、タンパク質分解の原因となります。

近年、動脈硬化の発症原因は、ＬＤＬコレステロールの酸化によって引き起こされることがわかってきました。酸化変性したＬＤＬコレステロールは、マクロファージの作用によって泡沫細胞となり、血管に付着して動脈硬化を招きます。つまり、ＬＤＬの酸化が動脈硬化の原因なのです。しかし、赤ワインはＬＤＬコレステロールの酸化を防止して、動脈硬化を予防する効果があることがわかってきたのです。

ワインポリフェノール――赤ワインの90％はフラボノイド

ポリフェノールは、植物が紫外線の酸化ダメージから植物体を守るために、葉や皮や果肉に含まれる色素や苦味・渋味の成分で、5000～8000種類以上もあるといわれています。ブドウにも、様々なポリフェノールが含まれていて、ワインになると味や色、口当たりなどに影響を与えます。ワインの主要なポリフェノールは、フラボノイドとそれ以外の非フラボノイドに大別することができます。

フラボノイドのポリフェノールの1つにカテキンがあり、やはりワインの色や口当たりに関係します。また色素ポリフェノールのアントシアニジンも、フラボノイドの一種で、ブドウだけでなくブルーベリーなどの濃い青からルビー色の色素にもかかわっています。非フラボノイドには、レスベラトロールなどのスチルベノイドや安息香酸、コーヒー酸、ケイ皮酸等のポリフェノールなどがあります。

ワインの原料である黒ブドウと白ブドウでは、ポリフェノールの組成が異なります。黒ブドウからつくられた赤ワインには、アントシアニンやフラボノールなどの果皮や種子のフェノール酸が多く含まれ、ポリフェノールの平均総含有量は、約２００㎎／１００㎖。白ワインには、アントシアニンはなく、カテキン、フェノール酸、レスベラトロールがわずかに含まれ、ポリフェノールの平均総含有量は、30㎎／１００㎖程度と赤ワインに比べ少なくなります。

赤ワインのポリフェノールの90％は、フラボノイド類で、ブドウの茎、種子、果皮に由来するため、果皮を果汁に漬け込む醸し発酵工程、ブドウの果皮からワイン中に移行します。

フラボノイドに含まれるフラボノールやアントシアニン、カテキン類は、日光に晒されるほど多くなります。特にアントシアニンは果皮に多く、日光で熟して果皮の色が緑色から赤色や黒色に変化する時期に、糖とともに含有量が増加します。そのため、ブドウに日光を当て、色付けを良くします。

タンニン類は、ワインの性質に重要な役割を果たしています。タンニン自体に匂いや味はないにもかかわらず、口にした時は「渋味」として感知されます。タンニンは主にカテキンなどが重合したものの一種です。渋みを感じるのは唾液や口内の粘膜に含まれるタンパク質と反応しやすいためです。そのためタンニン（プロアントシアニジン）の多いワインを赤肉等のタンパク質を多く含む食品に合わせると渋味が和らぎます。ブドウ果皮の抽出物には、多くのカテキン類が含まれています。

ブドウ中のタンニンの量は品種によって異なり、カベルネ・ソーヴィニヨンやイタリアのネッビオーロ、フランス・ローヌ地方で使われるシラーなどが最も多く含まれる品種です。

また、黒ブドウ、白ブドウともに、フラボノール類で最も多いのはケルセチンです。ケルセチンには、抗酸化作用、抗炎症作用、抗動脈硬化作用、脳血管疾患の予防、抗腫瘍効果、降圧作用、強い血管弛緩作用が報告されています。

非フラボノイドのポリフェノールであるレスベラトロールは、黒ブドウの果皮に最も高濃度で含まれ、抗腫瘍効果や認知症予防効果、血糖降下作用、脂肪の合成・蓄積抑制の効果が報告されています。

レスベラトロールは黒ブドウにも白ブドウにも含まれますが、果汁に果皮を漬けるマセレーション工程（または「醸し発酵」「スキンコンタクト」ともいう）があるため、赤ワインの方が白ワインよりも10倍多く含まれます。レスベラトロールは、ブドウの生体内では微生物に対する防御の役割を果たし、紫外線照射で活性化されます。よって日当たりの良い地方のワインはレスベラトロールが多くなるのです。また、寒冷で湿度の高い地域でも、レスベラトロールの含有量は多くなります。これは寒冷で高湿度という条件下でブドウに病原性微生物への抵抗性を持たせるためにレスベラトロールの含有量を高めているからと考えられます。

レスベラトロール――生活習慣病を軽減させる

レスベラトロールは非フラボノイドのポリフェノールで、植物が損傷されると、それに応答してつくられます。損傷個所が細菌や真菌などの病原体の攻撃を受けると生成されることから、植物性の化学物質としても知られています。レスベラトロールは、ブドウはもちろんのこと、ブルーベリー、ラズベリー、ピーナッツなど

レスベラトロール

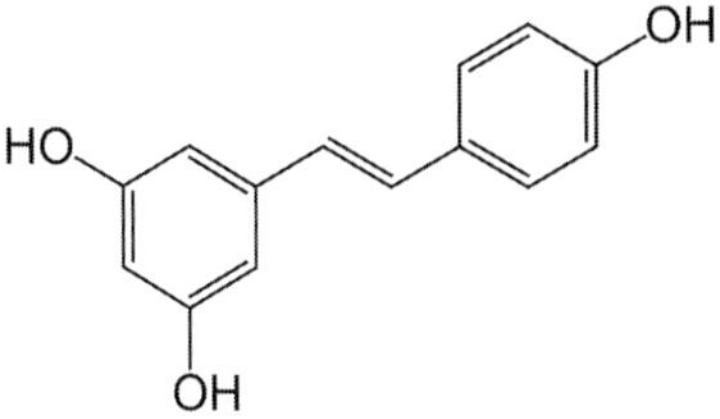

イソフラボン（ダイゼイン）

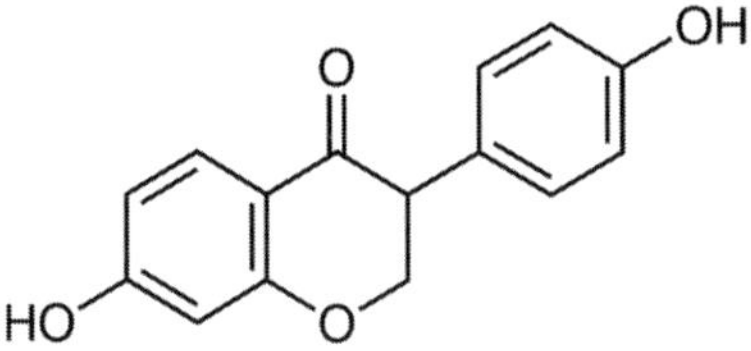

にも多く含まれています。

　ブドウの品種によって異なりますが、果皮と一緒に発酵させる赤ワインには0・2〜5・8㎎／Lと大量のレスベラトロールが含まれています。一方、白ワインは皮を取り除いた後に発酵させるため、レスベラトロールは少なくなります。ブドウからのレスベラトロールの抽出量は、皮との接触時間に比例するといわれます。レスベラトロールは、ヒトの健康機能向上に効果があるとして、栄養補助食品・機能性食品としての研究も進められています。

レスベラトロールは、大豆などの食品中に含まれるイソフラボンと同じようにエストロゲンの働きを示します。エストロゲンは、女性ホルモンとも呼ばれるステロイドホルモンで、細胞内にあるエストロゲン受容体と結合します。

ワインのレスベラトロールやイソフラボンは、エストロゲンの構造と似ていることから、エストロゲン受容体と結合して、体内でエストロゲンと同じような働きを示します。とくにイソフラボンは、エストロゲンが体内でつくられなくなると、エストロゲンのような作用をします。例えば、女性が閉経後、エストロゲンが生産できなくなると、内在性エストロゲンが欠乏します。このような状況では、レスベラトロールが体内で機能してくれます。逆に体にエストロゲンが存在する場合は、エストロゲンがレスベラトロールと受容体との結合を阻害するように働きます（拮抗作用）。また、レスベラトロールは、ＬＤＬコレステロールの酸化を抑制して動脈硬化のリスクを下げる働きをします。

近年、レスベラトロールが様々な生活習慣病を改善するという報告もなされています。例えば、糖尿病患者が1日当たり300㎎のレスベラトロールを摂取すると、血圧は2㎜Hg低下しました。さらに、中国の調査では1日当たり150㎎のレスベラトロール摂取で血圧が11・9㎜Hg低下することが報告されています。ただし別の研究機関では、各種の生活習慣病に対する、レスベラトロールの機能改善効果は認められませんでした。今後の研究が待たれるところです。

ワインによるヒトの健康機能向上は限定的ではありますが、身体にも美味しいということになるでしょう。

白ワインは健康機能性が低い？——白ワインの殺菌・抗菌作用

生命活動の維持に必要な酸素は、体内で反応性の高い過酸化物質をつくり、これが細胞を傷害し、がんや心疾患など様々な疾患をもたらす要因となります。それを防ぐため、過酸化物質を消す効果のある抗酸化物を食品などから摂ることが薦められています。特に、ポリフェノール含有量が多い赤ワインなどは、抗酸化能が高く、「抗酸化食品」として、その摂取が推奨されています。

白ワインは、果皮と種子を除いてから仕込むため、色素ポリフェノールのアントシアニンや渋味ポリフェノールのタンニンが少なく全体のポリフェノール含有量も少なくなります。そのため、赤ワインに比べ、白ワインは健康機能性が低いと考える人もいます。

ところが、白ワインにも抗酸化物質が含まれているのです。白ワインには、ケルセチンというポリフェノールが多く含まれ、近年のワインの健康機能性に関する研究では、白ワインに含まれるポリフェノールの方が、赤ワインのポリフェノールよりＬＤＬコレステロールの抗酸化能は高く（※1）、血小板凝集抑制に関しては白ワインの方が赤ワインよりも効果が高い（※2）という報告もそれぞれあります。

さらに白ワインには、カリウム、カルシウム、マグネシウムなどのミネラルがバランスよく含まれており利尿作用もあります。そのため老廃物の排出がスムーズになり、むくみ防止につながったり、ナトリウムの排出によって血圧が下がる効果もあります。

ほかにも白ワインは、赤ワインよりタンニンが少ないというメリットがあります。というのもタンニンは鉄イオンと結びつく性質があり、摂り過ぎることで、体内で鉄の吸収を妨げ、貧血を誘発するといわれているからです。白ワインは赤ワインより、貧血や鉄不足になりにくい飲料といえるわけです。

白ワインは、pHが3・0前後あり、総酸量で0・5％もの有機酸が含まれます。食前に飲むと食欲増進効果があり、有機酸の摂取は腸内細菌群のバランスを整える作用もあります。ワインを飲むと、胃でガストリンというホルモンの分泌が促進され、胃液の分泌が増加し、食欲を増進します。ちなみにビールにもその効果はありますが、蒸留酒には効果がないとされています。

また白ワインには殺菌作用・抗菌作用があり、赤ワインと比べても劣りません。さらに大腸菌やサルモネラなどの食中毒細菌に対する抗菌力が高く、2倍に希釈しても効果があったとされます。「魚介類に白ワイン」といわれるのは、殺菌効果があることなどからも理にかなっています。白ワインと魚介類の香味の相性については、「5　ワインと料理のマリアージュ」を参照ください。

実は白ワインに含まれるポリフェノールの効果や健康機能性については、よくわかっていません。しかし、白ワインを摂取することの健康上の有益性は報告されています。いずれにしても赤白のワインの区別なく、適量を飲むことが健康につながるようです。

ワインの底に沈んでいるものとは？——酒石酸が果たした意外な役割

ワインの底に沈んでいる透明でキラキラ光るものは何か？　ガラスと間違えられてワインメーカーへのクレームもあるといいます。

実はこの光るものの正体は、酒石酸カリウム（酒石酸塩）という物質で、ワインの中で生成されます。ブドウの中に入っている酒石酸が、カリウムと結合して酒石酸塩を生成するのです。ワイン醸造中は果もろみ（果汁、果皮、果肉、種子が混ざった状態）の発酵が進むとともに、アルコールが増えてくるので、酒石酸塩の溶解性が下がり析出《せきしゅつ》（成分が固体として現れる）し、沈殿して、分離します。これが酒石酸塩の結晶で、酒石として沈殿・付着するのです。

この酒石を最初に分離分析したのは、紀元前800年頃と考えられています。ワインをつくった時からこの酒石酸に着目していたようです。酒石酸には面白い性質があり、屈折の方向が違うのです。

1815年にフランスで、有機物の溶液に光を通すとその光は右または左に回転（屈折）する、すなわち旋光性《せんこうせい》という現象が発見されました。しかし、その化学的な原理は長らく謎のままでした。

「近代細菌学の開祖」とされるフランスの生化学者・細菌学者ルイ・パスツールもこの旋光性、光学活性に着目しました。酒石酸塩の結晶に異なる性質の2種類が存在することに気づき、鏡に映したような構造、つまり鏡像関係にあることを発見（1848年）。この時、パスツールは26歳。しかし、この実験は再現がきわめて困難で、パスツール以外には成功しなかったといわれています。そのため、真贋を確かめるため74歳のビオ（フランスの物理学者／ジャン＝バティスト・ビオ）は、パスツールを呼び、目の前で再現実験をさせます。パスツールは、ビオの前で再現実験に見事成功。ビオはパスツールの偉大な発見に敬意を表したというわけです。その後、パスツールは超一流の科学者としての道を歩むことになります。

その後パスツールは、微生物が自然に発生するという「自然発生説」が間違っていることを証明します。また、ワインの汚染乳酸菌を防ぐために低温殺菌法（パステリーゼーション／パスチャライゼーション）を開発。さらにカイコの微粒子病や軟化病の研究を行い、微生物によって引き起こされる病気についても研究し、世界中の人に役立つ成果を残しました。

ワインは戦時中の戦略物資

酒石酸塩は、第2次世界大戦中に音波防御レーダーの電子機器の材料として使われ、潜水艦や魚雷を探知するレーダーとして効果を発揮しました。ワインから酒石を取り出し、カリウム・ナトリウムのアルカリ塩を加えると、酒石酸塩・ナトリウムソーダという結晶、いわゆるロッシェル塩が生成されます。ロッシェル塩は当時、山梨県にあるワイナリーで製造されていました。

昭和18年、日本海軍はミッドウェー海戦での敗退を挽回するために、ドイツに兵員を派遣し、ロッシェル塩を利用した潜水艦の探査技術を習得させました。また、全国のワイナリーに酒石を採取させ、山梨県のワイナリーに集めて、ロッシェル塩を精製させ、精製品は大手電機メーカーで、対潜水艦用の水中聴音機として量産されたのです。酒石酸塩はワインの製造処理過程で析出《せきしゅつ》するので、酒類を監督する大蔵省は、ワインづくりを奨励しました。

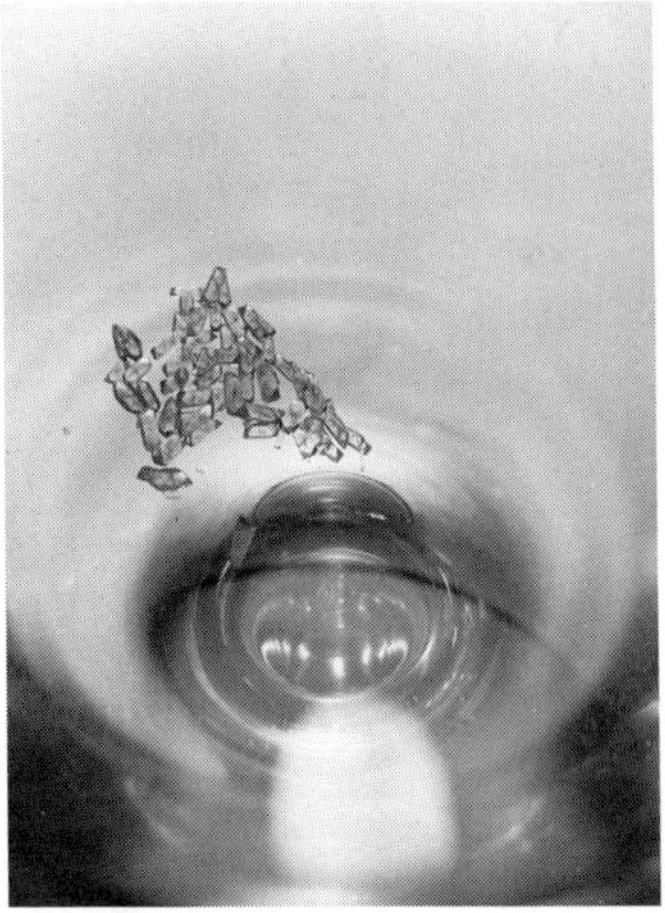
酒石酸カリウム（酒石酸塩）

つまり、戦時中のワインは戦略物資だったわけです。戦後、酒石酸塩の軍事目的での利用はなくなり、敗戦国である日本ではワインの需要も減少しました。ワインの消費量が拡大するのは、１９７５年頃に来るワインブームを待たなくてはなりません。

ワインと幸福感——幸せを感じる脳内ホルモン

ワインを飲むととっても幸せな気持ちに満たされますが、この幸福感とはどのようなものなのでしょうか？

心身がともにリラックスするには、脳内ホルモンが生産・分泌されなければなりません。

ワインを口にすることで、オキシトシン（幸せを感じる脳内ホルモン）が分泌され、幸福感を感じるのです。交感神経が心身ともに優位な状態では、戦闘モードで緊張状態にあります。緊張状態では、筋肉や精神も疲労します。一方、リラックス状態では、副交感神経が優位になります。血管が広がって血行が良くなることで、血圧が低くなり、心拍数が遅くなります。リラックス状態では、オキシトシンやさらに脳内快楽ホルモンのセロトニンが分泌され、さらに心地よい状態になるのです。

このようにリラックス状態では「交感神経」より「副交感神経」が優位になり、交感神経のバランスが整わなければなりません。

さらにワイン中のアルコールの作用によって大脳新皮質の働きが鈍くなり、本能や感情を司る大脳辺縁系の活動が活発になることで、開放的な気分や元気になったりするのです。

また、ワインを飲まなくても、その香りを嗅ぐだけで、リラックス効果が得られます。ワインの香りでアロマテラピーが行われているのです。アロマテラピーとは、植物の香気成分・精油（エッセンシャルオイル）を使って、心身のトラブルを穏やかに回復し、健康に役立てていく自然療法です。

白ワインのライムやレモンの香りには、不安や憂鬱な心をリフレッシュする作用があります。赤ワインのクローヴやシナモン、黒コショウなどを思わせるスパイシーな香り成分には、傷ついた心を癒すリラックス効果・作用があります。とはいえ、ワインの香気成分は５００種類以上あるので、まだまだわかっていない作用があるかもしれません。

多くの場合、香気成分による刺激は鼻の奥にある嗅細胞に電気信号となって伝わり、大脳辺縁体に直接作用するため、香りを嗅ぐことで、強く脳へ働きかけるのです。

フランスの小説家プルーストの小説『失われた時を求めて』の中で、主人公が紅茶の香りで幼少期を思い出す場面が登場します。このように特定の香りが記憶や感情を呼び起こすことを「プルースト効果（現象）」と呼びます。

最近の研究では、「味」が心理的な変化をもたらすこともわかっています。特に甘味と酸味の刺激によって満足感の上昇が認められました。このように、ワインを飲むことによって、心身に穏やかな効果が得られるのです。もちろん適量を超してはいけませんが。

2　ワインに使われるブドウの品種

ワイン用のブドウ品種は、黒ブドウと白ブドウを合わせ世界中に５０００種類あるいはそれ以上あるといわれます。これらの品種は、長期間かけて自然に生み出され、ワイン用として選抜されてきました。現在では、ブドウ育種の研究も進み、多数の新品種が生まれています。

ブドウの品種の中で実際にワイン製造に使われる重要品種は、２００~３００種類程度と考えられます。日本では約20の品種が栽培されていて、栽培面積が大きく、収穫量も多いのです。

生食用ブドウがワインに向かない理由

ところで、高級ワインには、普段そのまま食べているブドウ、つまり生食用ブドウは使われません。その理由は、生食用ブドウはアルコールのもとになる糖が少なく、酸味や渋味なども弱いからです。

生食用ブドウは例えば、巨峰やデラウエア、マスカット、シャインマスカットなど甘い香りを持つ品種です。

またワインは食事とともに飲むため、甘い独特な香気を持つブドウ品種はワインに向きません。

一方、ワイン用ブドウは、糖度と酸味が強く、果実は小粒で果皮が厚く、果皮の量が多いために、ポリフェノールなどが抽出されて香りや味が強くなり、味の濃い美味しいワインができます。

ワイン用ブドウと生食用ブドウの品種は生物学的に異なります。ワイン用ブドウは、南西アジアから地中海地域、中央ヨーロッパ、モロッコ、ポルトガル、ドイツ北部南部、イラン東北部が原産地で、「ヴィティス・ヴィニフェラ（*Vitis vinifera*）」という品種です。

これに対し、生食用ブドウの多くは、北アメリカ大陸東部からカナダ南東部が原産地の「ヴィティス・ラブルスカ（*Vitis labrusca*）」という品種です。

ブドウは品種ごとに実の色の濃淡や糖度、酸味、香りの強弱など、味わいの個性が異なります。ワインを楽しむためには、代表的なブドウ品種を知っておくことから始めるといいでしょう。

赤ワインと白ワインに用いられる主なブドウ品種を紹介しましょう。

【赤ワインのブドウ品種】

世界的に有名な高級赤ワイン用のブドウ品種は、カベルネ・ソーヴィニヨン、メルロー、ピノ・ノワール、シラーが主なものとしてあります。

●カベルネ・ソーヴィニヨン

カベルネ・ソーヴィニヨンは、世界で最も人気が高い赤ワイン用品種で、フランス・ボルドー地方の代表的品種です。現在は、アメリカ、チリ、オーストラリアなど世界各地で栽培されています。ブドウの特徴は小ぶりの房、小粒の実、厚い皮、大きな種です。この品種からつくったワインはカシスやベリーのような香りとジャムのような凝縮した果実味を持ち、上品な酸味・渋味のワインに仕上がります。若いワインはタンニンの渋味が強めですが、熟成させることによりまろやかな味わいになります。カベルネ・ソーヴィニヨンは、水はけのよい砂利質の土壌を好み、ボルドーではジロンド川左岸のメドックなどで主に栽培されています。

●ピノ・ノワール

ピノ・ノワールは、フランス・ブルゴーニュ地方の名品種です。黒に近い紫色を帯びた果皮であるため、黒（ノワール）を意味する名が付きました。カベルネ・ソーヴィニヨンと並び高級赤ワイン用ブドウ品種の双璧をなしています。房は小ぶりで皮は薄めであることから、タンニンの少ないワインになり、フレッシュな果実味としっかりした酸味を持ち、気品漂う香りが特徴です。若いときはラズベリーやチェリーの華やかな香りが立ち上がり、熟成するにつれ森の下草やトリュフ、なめし革などの重厚なフレーバーを重ねていきます。

イタリアでは「ピノ・ネロ」、ドイツでは「シュペート・ブルグンダー」、オーストリアでは「ブラウアー・ブルグンダー」と呼び名が変わります。

●メルロー

メルローは、カベルネ・ソーヴィニヨンと同様に、フランス・ボルドー地方の代表的品種で、現在は世界各地で盛んに栽培されています。黒に近い紫色を帯びた果皮で、カベルネ・ソーヴィニヨンと比べると、やや朱色を帯びています。房は大きめで、実の大きさは中程度です。ベリー類やチェリーの香りを持ち、カベルネ・ソーヴィニヨンよりタンニンの渋味がまろやかで、なめらかな果実味にあふれたワインです。

カベルネ・ソーヴィニヨンが水はけのよい砂利質の土壌を好むのに対し、メルローは保水性のよい比較的粘土質の土壌を好みます。ボルドー地方ではメルローはドルドーニュ川右岸のサン・テミリオンなどが栽培の主体になっています。

●シラー

シラーは、フランス・ローヌ地方の主要ブドウ品種で、それ以外ではオーストラリアで栽培されています。中程度の房で小粒、皮は厚めなのが特徴です。

赤ワインの中でも最も濃厚に果実味が凝縮され、酸味もタンニンの渋味も力強い品種です。日差しの強いローヌ地方で生育させたブドウからつくられると、ブラックベリーやスパイスの香りを持つコクのあるワインとなり、鹿やイノシシなどのジビエ料理と合わせると最も相性がよいとされています。

一方、オーストラリアの地で栽培・収穫されたシラーは、花やハーブの香りを持ち、果実味が豊かで濃厚なワインになります。

●ガメイ

単に「ガメイ」あるいは、「ガメイ・ノワール・ア・ジュス・ブラン」といわれます。主にブルゴーニュ最南端のボジョレー地区（ローヌ＝アルプ地域圏ローヌ県北部）の石や片岩の多い土壌のブドウ畑で栽培されています。収量が多く、他のワイン用品種とくらべるとやや大粒です。その他の栽培地域の収量は少ないのですが、ロワール地方やラングドック＝ルシヨン地域圏、東欧、トルコなどの一部でも収穫されています。

この品種でつくられたワインは、色調が明るく、タンニンの渋味はやや乏しく、酸味が豊かで、フレッシュでさわやかな香味を持ちます。

【白ワインのブドウ品種】

世界的に有名な高級白ワイン用の白ブドウ品種は、シャルドネとソーヴィニヨン・ブラン、リースリングで、これらは三大品種と呼ばれています。

●シャルドネ

シャルドネは、白ワイン用ブドウの最も代表的な品種です。フランス・ブルゴーニュ地方やシャンパーニュ地方などの冷涼な気候のもとで栽培されていましたが、適応力が高いことから、世界中で栽培されるようになり、現在では世界に銘醸地があります。気温や風土、つくり手によって、味わいや香りが違うワインに仕上がります。日常で気軽に飲むワインから高級ワインまで幅広く、冷涼な地では柑橘系、温暖な地ではトロピカルフルーツの香りがするなど、その豊富なバリエーションがシャルドネの魅力です。

●ソーヴィニヨン・ブラン

ソーヴィニヨン・ブランは、フランス・ボルドー地方やロワール地方の主要品種です。早く実って栽培しやすい品種のため、イタリアやチリ、アメリカ、ニュージーランドなど世界各地で栽培され、地域によって風味が異なります。房も実も小さく、個性の強い香りが特徴です。涼しい気候の産地では、さわやかな香りとキレのいい酸味を持った辛口ワインとなります。柑橘系の香りを持ち、冷涼な産地から温暖な産地になるにつれ、さわやかなレモンから甘いフルーツの香りを持つワインに変化していきます。

●リースリング

リースリングは、ドイツ・ラインガウ地方を代表する白ワイン用のブドウ品種です。ジャスミンなどの白い花やハチミツ、リンゴや洋ナシなどを連想させる香りを放ち、フレッシュな果実味としっかりした酸味を持ったワインは、「高貴な白」と讃えられています。また、時にはケミカルな石油（ペトロ）や化学製品のような香気を持つこともあります。人によっては「セルロイドの人形を抱いてワインを飲んでいる」とも表現されます。

しかし、リースリングからつくるワインは、甘口から辛口、さらにはスパークリングまであってオールマイティです。ドイツでは、貴腐菌（ボトリティス・シネレア：*Botrytis cinerea*）が付きやすく、ブドウの木になったまま干しブドウにしたものからつくった甘口の貴腐ワインもあります。

●セミヨン

セミヨンは、フランス・ボルドー地方の主要品種です。ソーヴィニヨン・ブランなどとブレンドされ、辛口ワインを生みます。皮が薄いため、リースリング同様に貴腐菌が付きやすく、貴腐ワインの原料ブドウとしても使われます。ワインはメロン、洋ナシ、ハチミツの香りを持ちます。

●ゲヴュルツトラミネール

ゲヴュルツトラミネールは、リースリングと同じように、ドイツやフランス・アルザス地方で栽培されるブドウ品種。フル・ボディで酸味は少なく、ライチのような華やかな香りがあり、辛口から甘口まで幅広い味わいになります。

「ゲヴュルツ」とは、ドイツ語で「スパイス」という意味です。

その名前から、ドイツ由来の品種かと思いきやイタリア北部のトラミナーという品種が起源です。1500年頃にフランス・アルザス地方で栽培が始まり、1870年頃には、この品種のクローン選別が行われ、スパイシーなものが選抜されて、「ゲヴュルツトラミネール」と呼ばれるようになりました。

【日本のブドウ品種】

日本ワインで多く使われるブドウ品種は、世界的な高級品種であるカベルネ・ソーヴィニヨンやメルロー、シャルドネなどです。そのほか、国産の黒ブドウ品種としてマスカット・ベーリーA、ブラッククイーン、ヤマソービニオン、白ブドウ品種として甲州などがあります。

●マスカット・ベーリーA

マスカット・ベーリーAは、アメリカ系のベーリーと、ヨーロッパ系のマスカット・ハンブルグを交配した黒ブドウです。1927年に新潟県で誕生しました。この品種を使ったワインは甘い香りを持ち、渋味が少なく果実味があります。

2013年にブドウ用品種として、国際ブドウ・ワイン機構（O.I.V.）に登録されました。

●ヤマソービニオン

ヤマソービニオンは、1990年に山梨大学の山川祥秀教授により、山ぶどうとカベルネ・ソーヴィニヨンを交配させて開発された品種です。この品種は、日本の気候風土に適応しており、病害虫への耐性も持っています。マスカット・ベーリーAと同じようにO.I.V.に登録され、国際的に認められています。

●甲州

甲州は日本で1000年前から栽培されている品種で、山梨が産地です。ピンク色の厚めの果皮を持っており、果汁が豊富で甘味とともに適度な酸味を持ちます。

甲州でつくられたワインは、柑橘系の香りとすっきりした味わいを持ちます。発酵後の酵母（オリ）と一緒に熟成させる「シュール・リー」製法でつくられることもあります。2010年には、マスカット・ベーリーAやヤマソービニオンと同様にO.I.V.に登録されました。

ワイン用ブドウ品種

赤ワイン

ブドウ品種	形・色・環境	歴史・特徴	ワインの味わい	代表的銘柄
カベルネ・ソーヴィニヨン	ソービニヨン・ブランとカベルネ・フランとの自然配合によって生まれた品種。房は小ぶりで、濃い黒色。果粒も小さく、水はけのよい砂礫（されき）質の土壌、比較的温暖な気候を好む。	フランス西南部ボルドー地方のメドック地区が原産。19世紀後半にボルドーのブドウ園は害虫によってそれまでの主役であった品種が壊滅し、カベルネ・ソーヴィニヨンが主役の地位に入れ替わった。今では世界各地に栽培域を広げている。	色素とタンニンを豊富に含み、ワインは色が濃い。早期だとタンニンと酸味が強いが、長期熟成するとまろやかで深みのある味わいに変化する。力強い味わいと上品な渋味、カシスやスパイシーさ、ハーブのような香りを持つ。	メドックの5大シャトー、シャトー・ラグランジュ（以上フランス）、ロス・ヴァスコス、グランドレゼルヴ（以上チリ）、ロバート・モンダビー ナパ・バレー（アメリカ）、サッシカイア、ソライア（共にイタリア）、登美の丘（日本）
ピノ・ノワール	房は小さく楕円形で、小さめの果粒が密着している。皮は薄くて深い紫、または青味がかった黒色をしている。冷涼な栽培環境を好む。	昔からブルゴーニュ地方で栽培されていた。黒に近い紫色を帯びているので、ノワール（黒）という名がついた。「ロマネ・コンティ」やシャンパーニュ「ドン・ペリニヨン」にもブレンドされている。	果皮が薄く果肉は無色なので、タンニンが少なく、ワインは淡い色になる。華麗で繊細なアロマが特徴。赤い果実の香りに始まり、熟成とともに官能的に。	シャンベルタン、ロマネ・コンティ（フランス）、アラモス・ピノ・ノワール（ニュージーランド）、ピノ・ノワール ピカーディ（オーストラリア）、トレンティーノ・ピノ・ネロ（イタリア）

メルロー	カベルネ・ソーヴィニヨンと比べると果粒も房も大きく、皮は薄く、青黒い。保水性のある粘土質の土地を好む。	ボルドー地方ではカベルネ・ソーヴィニヨンより多く栽培されている。ニューヨークの超有名レストラン「ル・ヴィヨン」の主人が、メルローを用いた「シャトー・ペトリュス」のワインを喧伝して、世に知られるようになった。	豊かな果実味と穏やかな酸味、カベルネよりもタンニンが少ないため、芳醇でなめらかな味わい。	シャトー・ラ・クロワ・ド・ゲ、シャトー・ペトリュス、シャトー・ティユリー（フランス）、ラッパリータ（イタリア）、トーレス アトリウム（スペイン）、ボンテッラ・メルロ（アメリカ）、塩尻 信州メルロ、奥出雲ワイン メルロ（日本）
シラー	小さな楕円形の粒で小さめの房。温暖で乾燥した気候を好む。色調が濃く、黒みを帯びている。	古くからローヌ川流域で栽培されていた品種。19世紀前半にはオーストラリアにもたらされ、今では主要産地として最も多く栽培されている。熟成期間が長い。	タンニンや酸味が豊かで、濃密でスパイシーな余韻を残す。産地の環境や気候によって個性が異なる。	エルミタージュ モニエ・ド・シズランヌ、コロナス（フランス）、ローズマウント ダイヤモンドラベル・シラーズ、グランジ（オーストラリア）
ガメイ	房は小さいが、果粒はやや卵型で大粒。冷涼な気候を好み、砂質土壌ではワインの味は軽めになり、花崗岩質の土壌では凝縮されミネラルが強い。早熟で収穫量が多い。	フランスのブルゴーニュ地方の南ボジョレー地区の赤ワインは、この品種で栽培されている。日本ではボジョレー・ヌーボーが有名で、毎年11月の第3木曜日の解禁日には人気が高まる。	色調は明るく、バラやスミレを思わせる華やかな香り、フルーティな風味が特徴。渋味が少なく、飲みやすい。	ボジョレー シャトー・カンボン、サンタムール、ジュリエナ（フランス ボジョレー地区）

ヤマソービニオン	果粒は円形、果皮は紫黒色で厚い。この品種は、日本の気候風土に適応しており、病害虫への耐性も持っている。	1990年に山梨大学の山川祥秀教授が、山ぶどうとカベルネ・ソーヴィニヨンを交配させ、開発した。糖度が高く（20～22度）、酸味も多いが多汁の品種。	色調は、紫色が濃い赤色。しっかりしたタンニンを持ち、ヤマブドウのスパイシーさを持つ、特徴的なワイン。	北海道から西南暖地まで、全国的に安定栽培できる。温暖化の中でも着色がよく、耐寒性もある。

*メドックの5大シャトー＝シャトー・ラフィット・ロートシルト、シャトー・マルゴー、シャトー・ラトゥール、シャトー・ムートン・ロートシルト、シャトー・オーブリオン

白ワイン

ブドウ品種	形・色・環境	歴史・特徴	ワインの味わい	代表的銘柄
シャルドネ	果粒は小さく、房は小～中程度の大きさ。冷涼な気候、土壌は石灰質を好むが、樹勢が強く、気候条件を問わずによく育つ。	フランスのブルゴーニュ地方が原産で、シャルドネ村が名前の由来とされる。適応力が高く、世界中で栽培されるようになった。	最も人気の高い白ワイン品種で、日常的なワインから高級ワインまで幅広く醸造されている。酸味のきいた辛口ワインが主流だが、オーク樽で熟成させると深みが増す。地域、気候、土壌によって味わいのバリエーションに富む。	ドメーヌ・シャンソンシャブリ、ムルソー（フランス）、シャブリ ジャン・ロワイヨ、リンデマンＢＩＮ６（オーストラリア）、ボンテッラ シャルドネ（スペイン）、塩尻 信州シャルドネ（日本）

ソーヴィニヨン・ブラン	果粒は小さく、緑がかった黄色をしていて房も小さい。このブドウが野生ブドウに似ていて、ワイルドな香りを有していることから、ソーヴィニョン（フランス語で野生を意味）と呼ばれる。	様々な気候帯で栽培され、カリフォルニアのロバート・モンダビーが発売した「フュメ・ブラン」やニュージーランドのクラウデア・ベイという醸造元がリリースしたソーヴィニヨン・ブランのワインが大成功をおさめ、この品種に情熱を注いでいる。	森の若葉や緑の野菜、柑橘類をイメージさせる個性的な香りと、引き締まったキレのよい酸味が特徴。	シャトー・オー・ブリオン（フランス）、ロバート・モンダビー プライベート・セレクション（アメリカ）、クラウディ・ベイ ソーヴィニヨン・ブラン（ニュージーランド）
リースリング	果粒は小さく卵型で、果皮は厚い。房は小さめで晩熟タイプ。淡い緑色をしているが、完熟すると黄金色になる。	ドイツのライン川沿いの渓谷が原産地といわれ、「高貴な白」と讃えられる。ドイツと国境を接するフランスのアルザス地方でも古くから栽培されてきた。シャルドネ種、ソーヴィニヨン・ブラン種と並び、白ワイン用ブドウの三大品種といわれる。	アルコール度が低く、華やかな香りとさわやかな酸味を持つ。ブドウ本来の甘さが特徴の飲みやすいワインが主流。	クロスター リースリング・モーゼル、ラインガウ リースリング・クラシック（共にドイツ）、ドメーヌ・ポール・ブランク リースリング（フランス）
セミヨン	実も粒も大きく、粒同士には空間があり通気性がよい。果皮が薄く、貴腐菌が付着しやすく、極上甘口ワインには欠かせない品種。	ソーヴィニヨン・ブランの理想のパートナーとしてブレンドされることが多い。新世界ではオーストラリアがセミヨンの一大産地で、熟成を経た豊満な辛口が人気。	おだやかな酸味で、ハチミツやドライフルーツの香りが特徴。果皮が薄く貴腐菌が付着するとエキスが凝縮し、高級甘口ワインに。	シャトー・オリビエ（フランス）、ローズマウント セミヨン・シャルドネ（オーストラリア）、ノーデ・ワインズ ノーデ オールド・ヴァイン セミヨン（南アフリカ）

ゲヴュルツトラミネール	果皮は灰色がかったピンク色だが、ロゼではなく白ワインがつくられ、黄金色の濃い色に仕上がる。	北イタリアが発祥とされ、トラミナー種の緑の皮がピンク色に突然変異して誕生したといわれる。ゲヴュルツとはドイツ語で香辛料、スパイスという意味だが、トロピカルフルーツのような香りも強く、華やかさが勝る。	ライチとバラの華やかで強い香りを持つ。酸味は穏やかだが、味わいはどっしり系。果実が早く熟し、糖度も上がりやすい品種であるため、早期だと辛口になり、収穫時期を遅らせ糖度を増せば甘口になる。	ゲヴュルツトラミネール キュヴェ・テオ（フランス）、イエルマン トラミネール・アロマイテコ（イタリア）、トーレス ヴィニャ・エスメラルダ（スペイン）
甲州	晩生型のブドウで、収穫時期は主に9月から10月後半と幅広い。糖度や酸度などが考慮され収穫されている。他のブドウ品種と比較して糖度が上がりにくい品種なため、多くの生産者は補糖を行うことがある。	日本固有のブドウ品種。ヨーロッパ品種のシャルドネ、リースリングなどと同様に、主にワイン用として使用されているヨーロッパ系の「ヴィティス・ヴィニフェラ」に属していることが、DNA解析で判明。	淡い外観にフレッシュフルーツのような香りで、スッキリとした味わいのワインを生みだす白ブドウ品種。	日本全国で広く栽培されている。作付面積では9割以上が山梨県である。

3　ワインの製法

ワインを深く知るうえでまず理解しておきたいのが、「ワインのつくり方」です。ブドウ果汁の中の糖分が酵母の働きによって発酵しアルコールに変わり、ワインができますが、ブドウの品種や製造方法によってワインの味は大きく変わります。

ワイン醸造で重要な役割を担う酵母

ルイ・パスツールは、ワインに関する研究でも知られています。彼は、酵母という微生物の働きによってアルコール発酵が行われることを発見し、またワインが腐敗するのを防ぐ「低温殺菌法」も開発しました。

酵母は、発酵の過程でブドウに含まれる糖分をアルコールと二酸化炭素（炭酸ガス）へと変換します（アルコール発酵）。また、ワイン自体の味わいやアロマ（香り）を生み出します。ワイン酵母の種類によって、ワインの個性は様々に変わるのです。

このため、酵母はワインの味を決定するうえでとても重要な存在です。酵母には主に人工的に培養した培養酵母と自然界に存在する天然酵母とがあります。一般的には培養酵母を添加して発酵させますが、伝統的な産地では天然酵母を使う場合もあります。

ワイン製造で用いられる主な酵母は「サッカロマイセス セルビシエ（*Saccharomyces cerevilsiae*）」で、これはパンや清酒、ビールなど様々な発酵製品に用いられる酵母と生物学的な分類は同じです。

〈培養酵母〉

培養酵母は、人工的に培養された酵母です。ブドウ果汁が入ったタンクに培養酵母を加えることで、発酵を促すことができます。ワイン醸造業者は、ワインをどのような味にするかを決定し、数多くある市販のワイン用酵母の中から自分のワイナリーに適した酵母を選びます。培養酵母は旺盛な発酵力を持ち、ワインの品質を安定させやすいことが特徴です。市販のワイン用酵母を用いる場合は、パンづくりで使用されるようなフリーズドライ品を用い、酵母増殖促進のために酵母用栄養素（イーストフード）も加えられます。

〈天然酵母〉

ワインの原料となるブドウの果皮やブドウ畑の空気中に自生する「野生酵母」のことを指します。ワイン業者によっては、自然界の天然酵母を育てオリジナルなワインをつくっています。ブドウは洗浄などをせず、そのままワイン醸造に使用されるため、果実から「野生酵母」が持ち込まれます。古来よりワインづくりに用いられてきた伝統的な酵母ですが、ときに雑菌が混じったり発酵力が弱かったりするため、品質管理には細心の注意を払う必要があります。

天然酵母は、ワイン製造時に酸化防止や汚染微生物の生育抑制のために加えられる二酸化硫黄（亜硫酸塩）によって、その活動が制限されます。また、発酵が進んで一定のレベルのアルコール濃度に達すると、「野生酵母」は自らつくり出したアルコールによって死滅します。

ところが、酵母の仲間によってはアルコールに耐性がある種類もあり、酒精強化ワインのシェリーなどの生産にも使われます。

サッカロマイセス セルビシエ

赤ワインのつくり方

赤ワインは、黒ブドウや赤ブドウを原料とし、果実を丸ごとアルコール発酵させることでつくられ、透き通った赤や濃い赤（ルビー）、ガーネット（ざくろ）までの色を呈するのが特徴です。渋味成分のタンニンを多く含み、劣化しにくいので、長期保存が可能です。赤ワインの赤い色は、黒ブドウの皮（果皮）から色素を抽出します。

まずは、収穫したブドウから腐ったりした不良果を除去し、良い果実を選果します。品質の良い高級なワインであればあるほど手作業で行われ、房選《ふさよ》り、粒選《つぶよ》りと手間をかけて〝健全果〟が選別されます。

その後に、ブドウの果梗（枝の部分）を取り除き（＝除梗）、皮の中に含まれる赤色のポリフェノールを抽出させるために皮や種も一緒にタンクに入れて発酵させます。

醸し発酵で独特の風味と赤色になる

ブドウの果皮や果肉、ブドウの実をつなぐ枝のような「梗《こう》」などを果汁と一緒に漬け込み、アルコール発酵後にそのままの状態で醸造する工程を「醸《かも》し」発酵（スキンコンタクト／マセレーション）といいます。この時、皮に含まれる渋味ポリフェノールであるタンニンも十分にワインへ溶出され、独特の風味をもたらします。アルコールの濃度が上昇すると、アルコールの効果によって赤色の抽出が加速します。

発酵時には、果皮は二酸化炭素のガスによって押し上げられ、上に浮いてきます。これを果帽《かぼう》といいます。これにより有害菌が生育したり、抽出が不十分になったりすることもあるので、果帽をもろみの中に押し込んで抽出効率を上げ、アルコール効果などによって雑菌の生育を抑制する操作が必要となります。

現在では、下にある果汁をポンプで汲み上げて、もろみの上に散布させ、循環させる方法（ホッピングオーバー）がとられています。

〈圧搾→乳酸発酵→熟成〉

通常、醸し発酵は28～30℃で管理されます。1週間ほど発酵させた後、果皮が底部に沈殿したら、圧搾機により果皮とワインを分離します。発酵終了後もさらに果皮を漬け込むこともあります。

ワインをタンクから取り出す際に、自然に流れ出すワインをフリーランワインといい、タンクに残った果皮や種をプレス機に移し圧縮して搾《しぼ》りだすワインはプレスワインといいます。それぞれ別にし、乳酸発酵（マロラクティック発酵）させ、元々ブドウ果汁に含まれる酸味の鋭いリンゴ酸をまろやかな酸味の乳酸にした後、別々に搾った2種のワインは最終的にブレンドされます。

その後、赤ワインは、ステンレスタンクあるいは木樽で熟成させます。樽で熟成させると、特有の香ばしいロースト香が付与されます。さらに、この期間に乳酸菌も生育し、乳酸発酵によって独特な穏やかな酸味を持つ有機酸が増します。

熟成後、フィルター処理や、果汁の浮遊物を除くための清澄剤を使うことによって、澱《おり》を取り除きます。伝統的には、卵白を泡立てて用います。酸が多くタンニンの渋味が強いので、卵白のタンパク質が変質し、その時に濁り物質を巻き込んで沈殿します。清澄部をビン詰めし、さらにビンで熟成させることで赤ワインができます。

ちなみに、ワインの澱を取り除くために卵白を大量に使うので、残った卵黄の有効利用のために、卵黄を多めに使うお菓子の「カヌレ」が作られ始めたともいわれています。もともと、フランスのボルドー女子修道院で古くから作られていた菓子とする説もありますが、フランス革命時にいったん消失しました。

ワインの製法

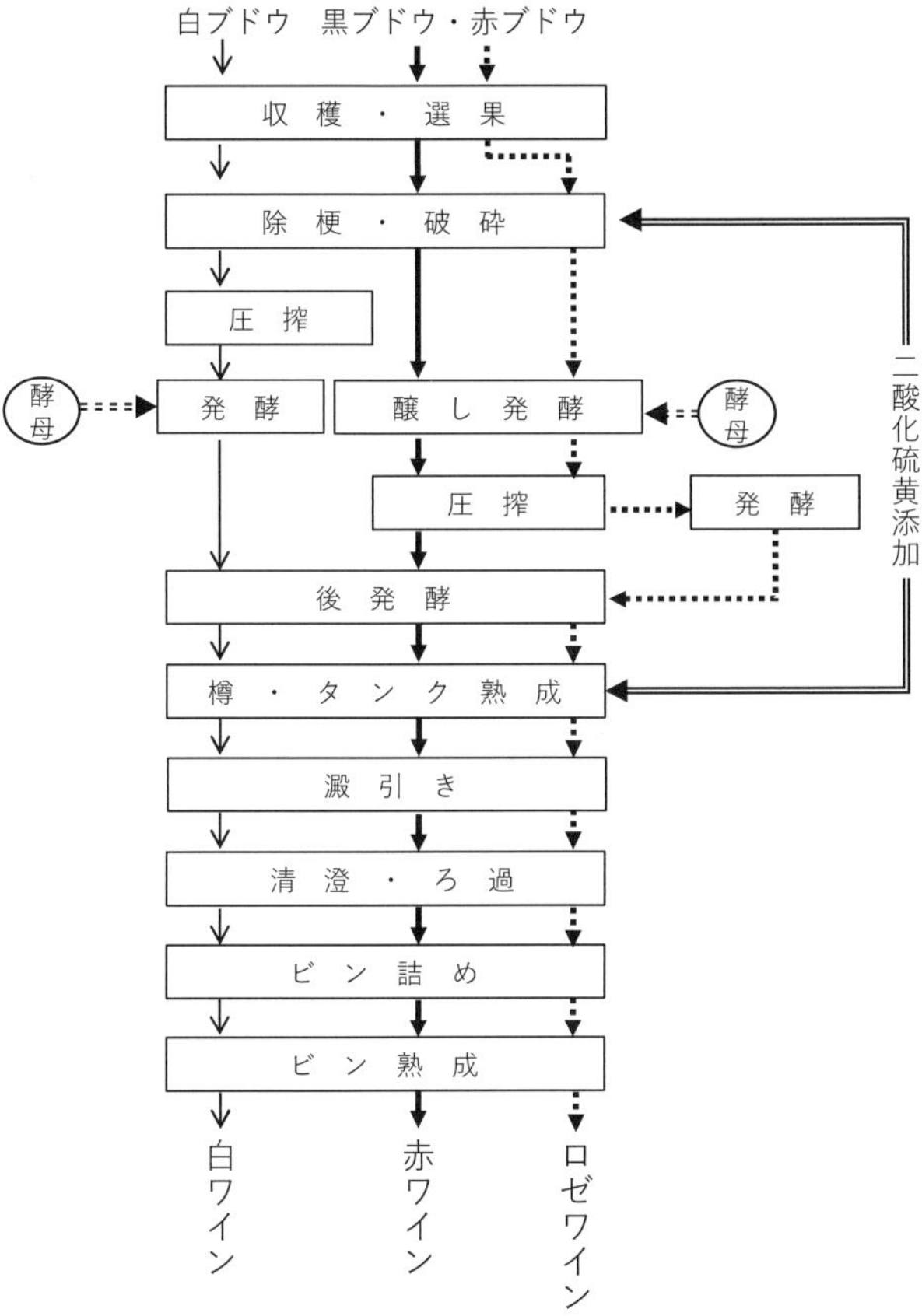
白ブドウ
黒ブドウ・赤ブドウ
収穫・選果
除梗・破砕
圧搾
酵母
発酵
醸し発酵
酵母
圧搾
発酵
後発酵
樽・タンク熟成
澱引き
清澄・ろ過
ビン詰め
ビン熟成
二酸化硫黄添加
白ワイン
赤ワイン
ロゼワイン

白ワインのつくり方

白ワインは赤ワインと違い、「赤色」の色素ポリフェノールが入っていません。赤色の色素ポリフェノールはブドウの皮（果皮）の部分に含まれているので、白ワインは果皮に色素のないもの、つまり「白ブドウ」が使われます。

もちろん白ブドウから白ワインができるのですが、黒ブドウでも果皮の色素を極限まで混入させないようにすると、白ワインができます。ブドウの果肉は、黒ブドウでも白ブドウでも色素はないので、皮を取り除けば、黒ブドウからでも白ワインができるのです。

果汁のみを発酵させる

白ワインに特有な薄い黄色やきれいな黄金色のブドウ果汁を得るために、不良果は選別・除去し、その後、梗を機械（除梗機）で取り除きます。

赤ワインのつくり方との違いは、果汁に皮や種子などを漬ける作業は基本的に行わず、果汁のみを発酵させることです。

昔はブドウを足で踏んでつぶして液だけを回収していました。実をつぶす工程は「破砕」といい、ブドウを破砕して自然に流れ出す果汁のことを「フリーラン・ジュース」といいます。大変な作業を伴う製法で、癖のない純粋な果汁が抽出できますが、果実由来のポリフェノールが少なく、フリーラン・ジュースだけでは香気が単調になりがちです。また、歩留まりも悪くコスト高になってしまいます。

現在では特殊な圧搾機（プレス機）でブドウを搾ります。圧搾機を用いて搾ったジュース（圧搾果汁）は、搾汁率が上昇し、量が多くとれますが、植物特有の青臭さやえぐみが強く、雑味が増えます。そのため、高級ワインには向きません。そこで高級ワインを製造する場合は、フリーラン・ジュースと圧搾果汁の搾汁率が60～75％となるようにします（赤ワインは、果汁を絞らず、皮ごと発酵させるので搾汁率は関係ない）。

低温長期間発酵で、すっきりフルーティなワイン

白ワインは、ブドウの香気やフレッシュさを保ったフルーティーなものが好まれ

ます。

そこで、雑味がなく香気もすっきりするように酵母の香りを少なくさせます。そのため、低温（10～15℃）で長期間発酵させるワイナリーが増えています。発酵後、酵母を取り除いてワインを熟成させます。熟成させることで、発酵直後の炭酸ガスの荒々しさや不快臭などを除去します。熟成容器はステンレスタンク、あるいは木樽を使う場合もあります。ステンレスタンクは、木樽の香りを付与せずに、ワインやブドウ由来の本来の味を強調したい時に使われます。

高級白ワインのブルゴーニュなどは、樽で熟成されたものが多く、樽特有の香り、つまり香ばしいトーストのようなロースト香が付与されます。時には発酵させた酵母をそのままにして熟成させ、酵母から旨味を抽出させることもあります。これらをフィルター処理後にビン詰めし、さらにビンで熟成させることで白ワインができます。

ロゼワインのつくり方

ロゼはフランス語で「バラ色」（ローズ色）の意味で、ロゼワインは薄いピンク色を呈したワインです。実際のロゼワインは、玉ねぎの皮のような明るい色や淡い朱、紫がかった濃いピンクなどの色合いのものがあります。

ＥＵの規定で許される国際的なロゼワインの製法は、黒ブドウを用いて、赤ワインに準じた方法でブドウの皮から色素を抽出させます。黒ブドウを除梗・破砕後、ブドウの皮から色素を抽出しながら発酵させる「醸し発酵」をさせ、目的のロゼの色調になるまで果皮を浸漬させるのです。その後、圧搾して皮と発酵中の果汁・ワインを分離し、再び発酵させることでつくられます。これを「セニエ法」といいます。

一方、日本では、赤ワインと白ワインとを混合して色を調整し、ロゼワインにすることがあります。また、黒ブドウと白ブドウの果汁を混合使用し、白ワインと同様の手順で発酵させる「混醸法」でつくられることもあります。ただし、これらはＥＵの規定では禁止されています（日本では禁止されていません）。

また、黒ブドウを使って、白ワインをつくるようにゆっくり圧搾し、茎や皮、種を除去し、果汁のみを発酵・醸造させる方法でもつくられます。

プロヴァンス地方の「ヴァカンスのワイン」

ロゼワインは世界中のワイン産地においてつくられていますが、それらの多くは高級ワインではありません。長期熟成は行われず、果実味溢れる香りで辛口から甘口のものまであり、よく冷やして白ワインに近い温度で飲まれます。

地中海に接するフランス南東部にあるプロヴァンス地方は、フランスのワイン産地の中でロゼワインの生産量が多い地域です。この地のロゼは価格も安く、さっぱりした味わいを持ちます。さらにプロヴァンス地方は避暑地としても有名で、夏の休暇（ヴァカンス）に来た人達がロゼワインを飲むことから、プロヴァンス地方のロゼワインは「ヴァカンスのワイン」と呼ばれます。さらにフランス国内でも、夏のヴァカンスシーズンになると店頭に多く並び販売されることから、ロゼワインは夏の風物詩ともされています。

一方、ポルトガルでは、ロゼは最下級のワインとされており、上級・高級品はすべて赤か白とされています。アメリカではロゼワインは甘口のものが多く、デザートワインとして飲まれています。アメリカでは、黒ブドウ品種の前に「ホワイト」をつけて呼ぶこともあります。たとえば、黒ブドウのメルローでつくった場合は「ホワイト・メルロー」と呼ばれることがあります。また、カリフォルニアを中心に、アメリカ特産の黒ブドウ品種ジンファンデルを使用した「ホワイト・ジンファンデル」が有名です。

さらに、炭酸ガスを含むワインであるシャンパーニュにもロゼワインが存在します。ＥＵの規定では、シャンパーニュに限って白ワインと赤ワインを混合するロゼの製造法が認められています。生産量が少ないことなどから、ほかのロゼワインとは異なりとても高価です。このシャンパーニュは、「めでたく華やかな花」である桜をイメージさせ、日本では結婚式などのお祝いに使われることが多く、華やかな雰囲気を醸します。

シャンパーニュの味の分類

呼称	糖添加量	味
Brut Nature（ブリュット・ナチュール）あるいは Pas Dose（パ・ドゼ）あるいは Non Dose（ノン・ドゼ）あるいは Dosage Zero（ドサージュ・ゼロ）	3g/L 以下	極辛口
Extra-Brut（エクストラ・ブリュット）	6g/L 以下	極辛口
Brut（ブリュット）	12g/L 以下	辛口
Extra-Sec（エクストラ・セック） Extra-Dry（エクストラ・ドライ）	12 ～ 17g/L 以下	中辛口
Sec（セック）	17 ～ 32g/L 以下	中甘口
Demi-Sec（ドゥミ・セック）	32 ～ 50g/L 以下	甘口
Doux（ドゥー）	50g/L 以上	極甘口

シャンパーニュのつくり方

シャンパーニュとは、フランスのシャンパーニュ地方の限定された地区で、決められたブドウ品種と定められた方法で生産された発泡性のワインです。ビン内で密封したまま2次発酵させ、二酸化炭素（炭酸ガス）のガス圧を上昇させることで発泡性を持ちます。これがスパークリング・ワイン、シャンパーニュというわけです。

シャンパーニュは、一般的に黒ブドウと白ブドウとでつくられます。一般に2次発酵させる前の1次ワインは、白ワインです。黒ブドウから白ワインをつくることもあり、この時は果皮から色素が浸漬しないように手早く静かに圧搾し、果皮に由来する色が入らないようにして、「白い（赤くない）」果汁が取り出されます。

シャンパーニュでは、白ブドウで使用されるブドウ品種はシャルドネで、黒ブドウでよく使用されるのはピノ・ノワールとピノ・ムニエという品種です。そのほかフランスの法律上、使用してよい品種として、全てのピノ系品種とあまり主流でないブドウ品種のアルバンヌやプティ・メリエがあります。

ブレンドの妙「アッサンブラージュ」

製法は以下の通りです。まず、収穫したブドウを除梗・破砕して圧搾することで、白ワインづくりと同じように果汁を得ます。これを発酵させて果実に含まれる糖分をアルコールに変換し、白ワインをつくります。これを「ベース・ワイン」といいます。

各メーカーやワイン醸造家は、ブドウ収穫年から翌年2月にかけて、ベース・ワ

ビンが差し込まれたピュピトル

インの澱引き後にブランドイメージやオリジナルな味に合わせるため、年度や畑、種類の違うワイン(原酒)をブレンドして味を調整します。この工程は「アッサンブラージュ(assemblage)」と呼ばれます。

ブレンドされたワインは、炭酸ガスを閉じ込め、液中に可溶化させるためにビン内で2次発酵させます。そのために酵母と発酵させるための砂糖シロップをベース・ワインに加えます。この補糖の工程は「ティラージュ」(tirage)

シャンパーニュのつくり方

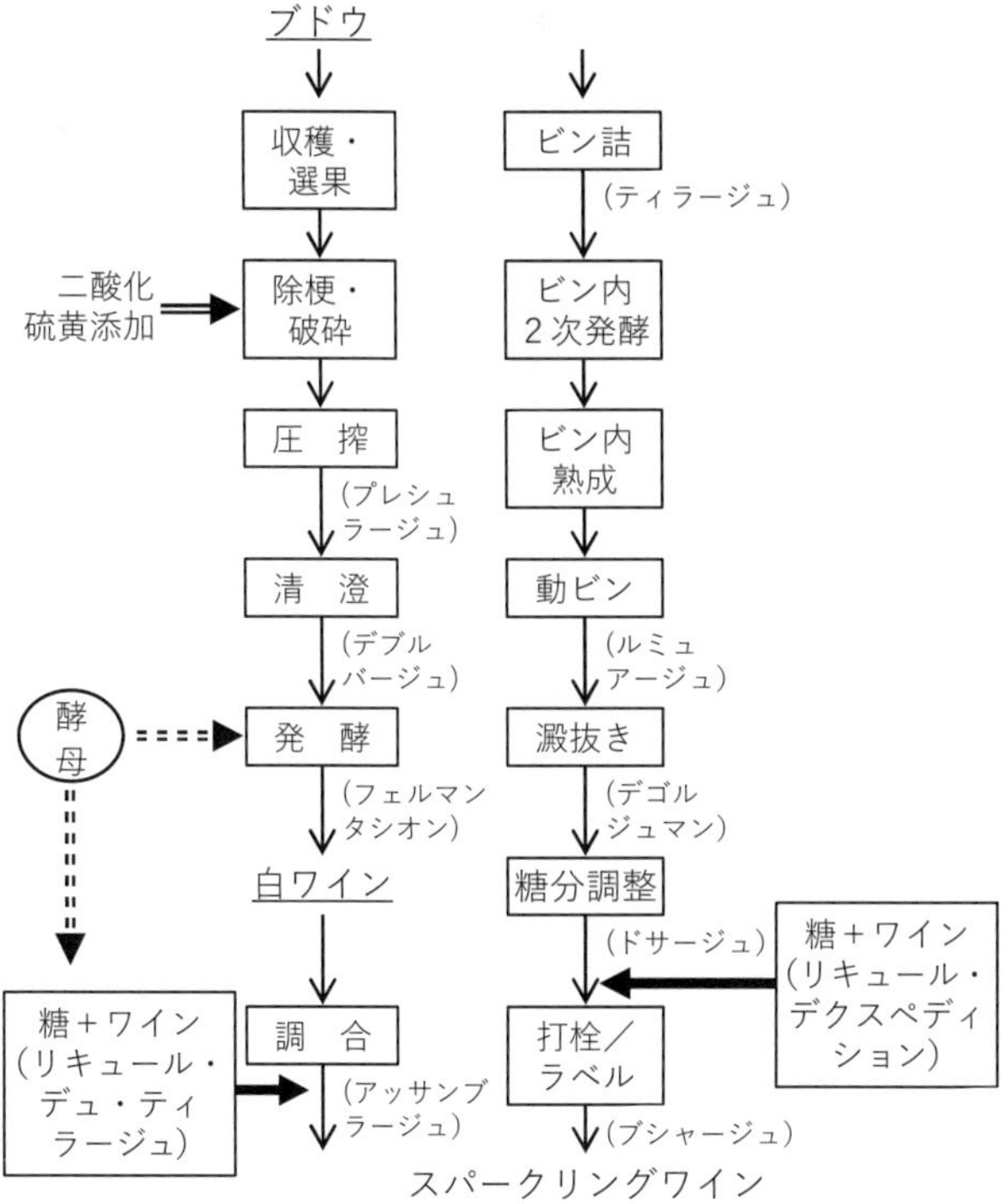

＊酵母は、糖を発酵するとエタノールと二酸化炭素を作り出します。加圧した容器内で、二酸化炭素の圧力をかけると飲料中に二酸化炭素が溶け込み、炭酸ガスを含んだ飲料になります。

といわれます。

ビン詰めされたワインは、貯蔵室に置かれます。この間、砂糖シロップを栄養にして発酵し、発生した二酸化炭素がビン内に閉じ込められ、ワインの中に溶け込みます。発酵が終わり役割を終えた酵母は沈殿します。その沈殿物とともに寝かせることによって、酵母の中のタンパク質が分解して、アミノ酸が「旨味」としてワインに溶け出ます。

気圧により酵母を除去する「デゴルジュマン」

その後、ピュピトルと呼ばれる台に差し込まれて保管されます。ビンは毎日1／8回転させながら、徐々に倒立した状態になり、ビンの首の部分に沈殿物が集まります。この工程を「ルミュアージュ（remuage）」と呼びます。

ルミアージュ後、ビンをさかさまにした状態で、澱を含むビンの首の部分だけをマイナス20℃の冷媒の入った槽に漬けます。そうすると沈殿物（澱）を含んだ氷ができ、ここで栓を抜くと、澱酵母を含む塊がガス圧で押し出されて除去されます。

ミュズレ

ビンの口をマイナス20℃に冷却し、栓を抜くことで気圧により凍結させた澱（酵母）を除去できるのです。この工程を「デゴルジュマン（degorgement）」といいます。

甘味を調整する〝門出のリキュール〟

デコルジュマンで減ったワインは、「ドサージュ（dosage）」という工程で目減りした分のワインを補充します。さらに、この工程で補充するワインにシロップを加え、甘味の調整を行います。この時、添加されるワインは「リキュール・デクスペディション（Liqueur d'Expedition）」つまり、門出のリキュールといい、添加するワインのシロップの比率で甘口か辛口かが決まります。

ロゼのシャンパーニュもつくられています。黒ブドウの果皮を微かに色付けのために与えた後に取り出す「マセラシオン方式」やベース・ワインにシャンパーニュ産の赤ワインを添加する「アッサンブラージュ方式」によってつくられます。

ドサージュでの味の調整後に、ビンにコルクで打栓し、針金つきの金具（ミュズレ）とキャップでとめます。製品はティラージュ後、最低でも15ヵ月寝かせるまでは、出荷が禁止されています。

世界のスパークリング・ワイン

発泡性ワイン＝スパークリング・ワインは、シャンパーニュ地方以外でも多くつくられています。

かつてスパークリング・ワインは、世界中で「地名＋シャンパン」という名称で呼ばれていました。例えば、アメリカ・カリフォルニアでつくられたスパークリング・ワインは「カリフォルニア・シャンパン（シャンパーニュ）」とも呼ばれていました。これは「シャンパン」がスパークリング・ワインの代表的なものとされていたためでしょう。さらに、日本でもクリスマスに飲まれるアルコールを含まない飲料を「ソフトシャンペン」と呼んだり、炭酸飲料を「シャンペンサイダー」とも呼んだりしていました。シャンパンは、炭酸を含んだスパークリング・ワインの代名詞のようなものでした。

ところが「知的所有権の貿易関連の側面に関する協定（ＴＲＩＰＳ協会）」の地理的表示の規定によって、シャンパーニュ地方産の発泡性ワインだけが「シャンパーニュ」と名乗ることができ、それ以外は「シャンパン（シャンパーニュ）」と名乗ることができなくなりました。

【スペイン】「カヴァ」

ヨーロッパ各国では古くからスパークリング・ワインがつくられてきました。スペインでは、発泡性ワインを「エスプモーソ（Espumoso）」といい、とくにスペインの特定地域で生産される発泡性ワインをカヴァ（Cava）といいます。カヴァは、シャンパーニュと同じように伝統的な製法によってつくられた発泡性ワインで、古い歴史を持ちます。カヴァをつくるワイナリーは、その大部分がカタルーニャ州ペネデス地域で、スペインのワイン法で原産地呼称の認定を受けている地域に限られています。

【イタリア】「アスティ」「フランチャコルタ」

イタリアでは、発泡性ワインを「スプマンテ（Spumante）」といい、代表的なものに「アスティ」や「フランチャコルタ」があります。アスティでは、モスカート・ビアンコというブドウの品種を用い、フランチャコルタではシャルドネ、ピノ・ビアンコ、ピノ・ネロ（フランス名：ピノ・ノワール）などのブドウ品種が用いられます。

【ドイツ】「ゼクト」「クレマン」

ドイツでは、発泡性ワインは「シャウムヴァイン（Schaumwein）」と呼ばれ、その中でもビン内2次発酵させる高品質な高級発泡性ワインを「ゼクト（Sekt）」といいます。ゼクトは、シャンパーニュと同じ製法でつくられるものもあります。

ドイツのスパークリング・ワイン

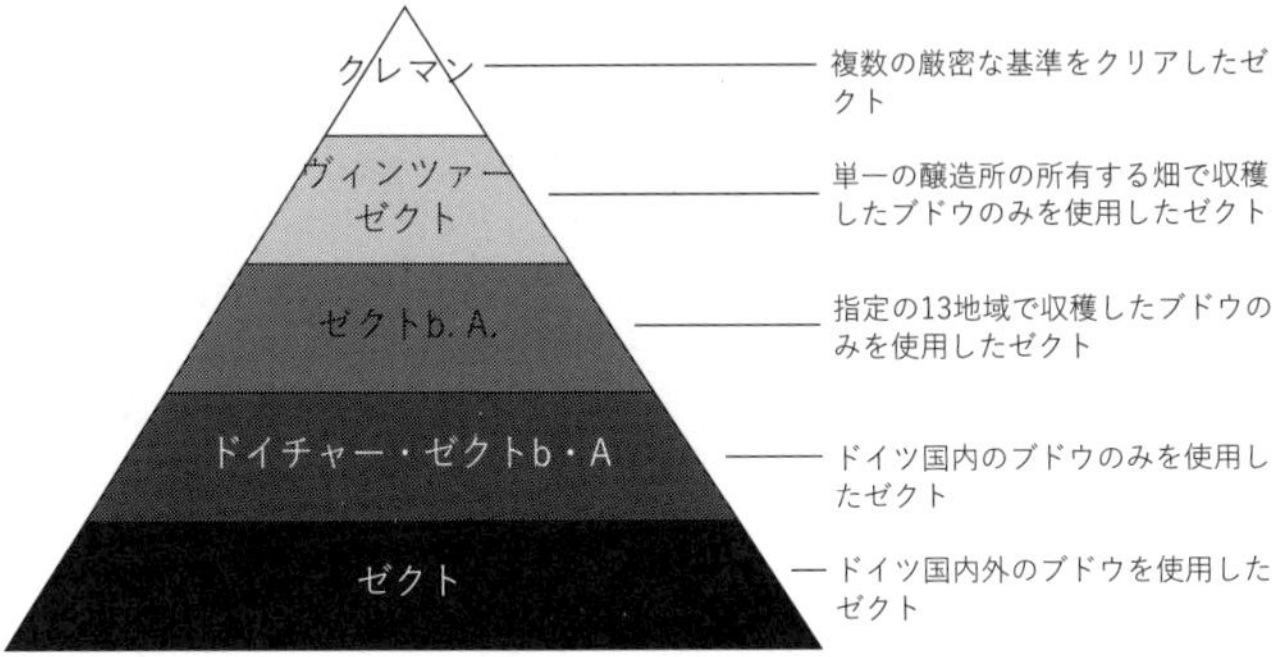

ゼクトには、その規格によって5種類があります。単にゼクトと呼ばれるものもあれば、ドイチャー・ゼクト（Deutscher Sekt）と呼ばれるものもあり、後者はドイツでつくり、ドイツのブドウだけを使用したゼクトです。さらに高級なものは「ドイチャー・ゼクトb・A・(Deutscher Sekt b.A.)」といわれます。そのほか基準によって、「ヴィンツァーゼクト（Winzersekt）」と「クレマン（Crémant）)」があります。

ドイチャー・ゼクトb・A・は、ドイツでつくられ、ドイツの13指定栽培地域のブドウのみを使用したゼクトです。ヴィンツァーゼクトは、自家栽培・醸造のベース・ワインからつくられ、ビン内で2次発酵したものです。1次発酵を含めて

世界のスパークリング・ワイン

国名	総称	固有名称
フランス	ヴァンムスー (Vin Mousseux)	クレマン (Crémant) シャンパン (Champagne)
スペイン	エスプモース (Espumoso)	Cava (カヴァ)
イタリア	スプマンテ (Spumante)	プロセッコ (Prosecco) フランチャコルタ (Franciacorta) アスティ (Asti)
ドイツ	シャウムヴァイン (Schaumwein)	ゼクト (Sekt)
アメリカ	スパークリングワイン (Sparkling Wine)	–
日本	スパークリングワイン (発泡性果実酒)	–

9ヵ月以上の発酵期間をとることなども規定されています。

クレマンは、さらに基準が厳しく、手作業で収穫し、除梗せずに150kgのブドウから100リットル以下の果汁を得ることなど、最も厳しい規定がなされています。また、産地名を冠するときは、その産地のブドウを100%使用しなくてはいけません。ヴィンテージや品種名を表示するならば、そのブドウを

85％以上使用しなければなりません。

アメリカや日本でもシャンパーニュに準じたスパークリング・ワインが存在します。

さらに近年では、日本でもシャンパーニュ地方と同じような伝統的製法による発泡性ワインが製造され、品質も向上しています。

日本の大手ワインメーカー（メルシャン）でも、本格的なスパークリング・ワインを製造しています。日本国内の中小のワイナリーでもビン内2次発酵を行ったスパークリング・ワインを生産しており、ワインの生産技術も進んでいます。


酸化防止剤はなぜ入れるの？

ワインボトルの裏ラベルには「酸化防止剤（亜硫酸塩）含有」と記されています。これは、ローマ時代からワインづくりに用いられてきた自然由来の添加物です。ワインは本来傷みやすく、酸化して酸っぱくなったり、微生物が繁殖して嫌な臭いを発生させたりすることがありますが、こうした劣化を防ぐために、多くのワインには酸化防止剤が添加されています。

赤ワインづくりでも、白ワインづくりでも、酸化防止剤として「亜硫酸塩」が、果もろみに添加されます。ポリフェノールの酸化による褐変を防止し、健全発酵させ、色素の抽出効率を上げるためです。通常、糖度が足りない場合も、法律に沿った量の範囲で添加されます。

褐色を防止して透明感のあるきれいなジュースに

白ブドウ、黒ブドウともに量に差はありますが「ポリフェノール」が含まれています。

ポリフェノールは、空気に触れると果肉中のポリフェノールオキシダーゼ（ポリフェノール酸化酵素）という酵素が作用し、茶色に変色します。それは、皮を剥《は》いたリンゴを放置するとあっという間に色が褐変するのと同じ原理です。そこで、亜硫酸塩（主に無水重亜硫酸カリウム／ピロ亜硫酸カリウム）を50～１００ppmとなるように添加し、褐色を防止して透明感のあるきれいなジュースをとるのです。ちなみに亜硫酸塩は、汚染細菌や酵母の生育を阻害する効果もあり、健全な発酵を助けます。

ピロ亜硫酸カリウムは、ブドウの果汁に溶けると次のようになります。

$$K_2S_2O_5 + H_2O \rightarrow 2\,HSO_3^- + 2\,K^+$$

カリウムイオンと亜硫酸水素イオンに解離し、さらに、果汁は酸性なので、SO_2（亜硫酸塩）と水に解離します。

$$2\,HSO_3^- + \rightarrow SO_2 + H_2O$$

SO_2（亜硫酸塩）は、他の物質に結合している酸素を奪い取る抗酸化力が高いのです。

$$2SO_2 + O_2 \rightarrow 2SO_3$$

そのために、果実の持っているポリフェノールを酸化する酵素である「ポリフェノールオキシダーゼ」の働きを止めます。酸化されたポリフェノールは茶色・褐色を呈しますが、酸化されないことで褐変を防ぐことができます。

また、でき上がったワインの香気成分は、酸素に触れると酸化し、アルコールであればアルデヒドや酸になって、呈味（味を示す成分）の調和がとれなくなりますが、亜硫酸塩には、でき上がったワインの酸化防止作用もあり、正常な熟成に寄与しているのです。

亜硫酸塩の殺菌効果、清澄保持効果

亜硫酸塩は、強力な抗酸化力を持つだけでなく、殺菌力もあり、野生酵母の殺菌と増殖抑制効果も持っています。通常、ブドウは、水洗いや消毒せずに、そのまま除梗・破砕されるので、亜硫酸塩は健全な発酵を促すために重要です。

でき上がったワインは多くの場合、発酵中の荒々しさをなくすために熟成させますが、この時に微生物による汚染が考えられ、貯蔵中の酢酸菌や乳酸菌などの微生物による腐敗防止のためにも添加されます。とくに高級なワインでは、樽で長期間の熟成をさせるので、亜硫酸塩を添加して劣化を防いでいます。

亜硫酸塩はブドウ果実の細胞へも作用します。まず、皮からアントシアニンやタンニンなどポリフェノール類の溶出を促進させます。さらに、ブドウ果汁の濁り成分である酵母由来のタンパク質や果汁中のペクチン成分を凝固・沈殿させる作用があります。これによって、亜硫酸塩を添加したワインは熟成中に濁り成分が沈殿し、清澄保持効果もあるのです。

このように亜硫酸塩には、高品質のワインを製造するための働きがあります。しかし、近年は「酒母」を有効に使い、衛生環境を整えて健全な発酵をさせた「酸化防止剤不使用ワイン」も販売されています。

ワイン中で生育する乳酸菌

ワインの中は糖度が高く、発酵性酵母だけでなく多くの微生物が生育します。例えば、野生酵母やワイン中のアルコールをエサにする酢酸菌などです。これらはワインの品質を低下せるため、前述の亜硫酸塩を添加して生育させないようにします。

ところが、乳酸菌をあえてワイン中で生育させることがあります。この乳酸発酵は人為的に起こすか、自然に発生します。ワイン中のアルコールに耐性を持ち、ワイン中のリンゴ酸を栄養にして、乳酸をつくり出します。

$HOOC-CH(OH)-CH_2-COOH$　リンゴ酸

↓（乳酸菌）↓　$CH_3-CH(OH)-COOH$　＋　CO_2

乳酸　　二酸化炭素

この乳酸発酵を「マロラクティック発酵」といいます。

マロラクティック発酵でマイルドな味わいに

ここは少し難しい記述になりますが、ワインにとってたいせつな要素ですから、ぜひお読みください。

リンゴ酸は英語でマリック・アシド（Malic acid）、乳酸はラクティック・アシド（Lactic acid）といい、マロラクティック発酵はリンゴ酸‐乳酸発酵を意味します。

また、発酵させる乳酸菌は特殊で、オエノコッカス属オエニ種（*Oenococcus oeni*）という乳酸菌です。この菌種は独特の性質を持つため、2006年に*Oenococcus kitaharae*という種が同定されるまでは一属一種の菌種でした。*Oenococcus oeni*の「oeno」は、ワイン醸造学を示すオエノロジー（Oenology）が語源で、「coccus」は、球菌を指します。この名前の通り、ワイン醸造学の分野で重要な役割を果たしている球状の細菌です。

有機酸類が舌の上で「酸っぱさ」として感じられるのは、「COOH」（カルボン酸）から水素基が遊離して、味蕾という口内の器官にある味細胞を刺激し、酸味を感じさせるからです。つまりカルボン酸の数が多い有機酸は酸味が強いということになります。

リンゴ酸はカルボン酸を2つ持ちます。一方、乳酸はカルボン酸が1つしかないためリンゴ酸よりも酸が弱く、酸味もマイルドになるというわけです。

したがって、マロラクティック発酵をさせたワインは酸が減少し、マイルドなワインになります。

また、この発酵中に*Oenococcus oeni*は、ジアセチルという乳製品特有の香気を生成します。低濃度でも臭うことから、清酒やビールといった酒類では敬遠されます。ところが、ワイン醸造では、低濃度のジアセチルはナッツやキャラメルのような良好な香りを与えます。

一方、高濃度では他の酒類同様に、発酵バターやバタースコッチのような風味を生み出し、香味の調和を壊します。ワインの熟成では亜硫酸塩添加によって*Oenococcus oeni*の生育を抑制し、マロラクティック発酵とそれに伴って生成されるジアセチルの量を調整します。そのため、ジアセチルがワインを飲めなくなるレベルまで生成されることはありません。

ワインの熟成――ワインの香りと色の由来

ワインの香りは、大きく3つの工程でつくられます。第1アロマは「ブドウ由来の香り」、第2アロマは「発酵工程で生成される香り」、第3アロマは、「熟成工程で生成される香り」です。

特に第3アロマは「ブーケ」ともいい、ワインの調和などのために重要です。ワインに限らず多くの酒類で熟成が行われますが、目的は、発酵で生じた二酸化炭素などの荒々しさをやわらげ、硫化水素臭やジアセチル臭、酵母臭のような不快臭（オフ・フレーバー）を除くことです。さらに熟成期間中に生じる化学変化や樽材などからの香気が抽出されることで、ワインの基本的な性格を変えることなく、味や香りの複雑性、円熟味、滑らかさが独特の「ブーケ」を生み出すのです。

ワインのアロマ

アロマ	由来	特徴
第1アロマ	原料のブドウに由来する香り	・果実香や花、スパイスの香り
第2アロマ	発酵や醸造に由来した香り	・酵母によるエステル香（日本酒・吟醸香、リンゴの香り、バナナの香り） ・乳酸菌によるマロラクティック発酵（バターやチーズ、ヘーゼルナッツ、ヨーグルトの香り）
第3アロマ（ブーケ）	熟成により現れる香り、木樽で熟成されたことで加わった香り	・ワインに深みや香味により複雑味 ・バニラやココナッツ、カラメル、なめし革、獣臭、腐葉土、濡れた森林、紅茶、ドライフルーツ、トリュフなどのきのこ類、コーヒー、ココアなどの香り

白ワインは、はじめは見た目がほぼ透明だったものが、熟成を経ることでだんだんと色が濃くなっていきます。最初は淡い黄色〜レモン色、次に濃い黄色〜レモン色と変化し、次第に色が濃くなり黄金色となり、褐色、琥珀色（アンバー色）へと変わってきます。最終的には、茶色に近い色にまで変化します。このような白ワインの着色は、ワインに含まれるアミノ酸と糖のアミノカルボニル反応によって起こ

ります。

さらに、香気は、果汁由来の香気、つまり柑橘類やトロピカルフルーツ、ハーブの香りがします。熟成に伴いアプリコットやナッツ、トースト、ハチミツのような甘い香気が増してきます。味わいは、酸味が落ち着き、フレッシュ感は薄れます。熟成によって生じた香気により、ドライアプリコット（干したアプリコット）やトーストのような味わいが出てきます。酸味のもととなる有機酸は、熟成によって香気成分のエステルへと変換されて減少し、マイルドな味に感じられるようになります。

赤ワインの熟成も熟成期間が長ければ長いほど、外観、とりわけ色が変化します。赤ワインでは、濃い赤色が淡い色に変化していきます。徐々にオレンジに近い色になるのは、赤の色素ポリフェノールであるアントシアニンが重合（いくつもの分子が連なる）し、沈殿することでアントシアニンが減少して赤色が退色するからです。また、赤ワインの香りは、熟成前はフレッシュなベリーのような果実の香りやスミレの花や植物の香りがします。熟成後にはドライフルーツやキノコ、腐葉土、たばこの葉のような臭いが感じられ、複雑さを増します。味わいは、熟成前はブドウ由来の渋味が強いのに対し、ビン内での熟成では、タンニンは澱《おり》として沈殿するため、マイルドな味わいになります。タンニンの強い渋味は沈殿することによって緩和され、口の中では甘味や酸味、旨味といった味を感じやすく、より繊細なテイストを持ったワインとなります。

一般的に赤ワインは、長期の熟成に耐えます。それはアルコール度が約12％以上あり、かつ、0・6％の酸を含むためです。ワインはビンの中でも生きていて、日々少しずつ変化をしながら美味しくなり、熟成による香味が整うピークを過ぎると徐々に美味しさが失われてきます。しかし、高品質ワインは、ビンのなかでも3年から8年程度は熟成し、香りや味わいに複雑さが増してきます。

ワインを美味しくする樽熟成——熟成期間の目安

高級なワインの多くはオーク樽での熟成後、ビン詰めされて、ビン内でさらなる熟成が行われます。オーク樽での熟成では、化学反応の一種である酸化・還元反応が起こり、オークの成分やフレーバーが加わります。樽熟成時には、ワインを樽に満たし、樽の上部に空間（ヘッドスペース）をつくらないようにして、空気との接触を抑制しています。しかし、オークの樽は完全密閉ではないので、ワインは樽を隔てて空気と接触し、わずかな酸素がワインに入ることで酸化熟成が進むのです。

一方、ビン詰めしたワインは、コルク栓あるいは王冠でビンが密閉されます。コルクからの空気・酸素の流入はありません。つまりコルクを通した酸化反応はないのです。ビン内熟成では、酸素を必要としない化学反応「還元的反応」が起こり、ビンのなかのワインの酸素は数ヵ月で最低のレベルになります。これによってビン内の還元熟成中に香気成分なども生まれます。

白ワインは3ヵ月～1年間、ステンレス製の貯蔵容器あるいはオーク樽で熟成されます。フレッシュでフルーティーな白ワインは、樽熟成はせず、ビン詰めのみで、6ヵ月～1年後に最高の品質となります。また、フル・ボディの白ワインは、樽熟成しても香味のバランスを崩すことがなく、熟成に耐えられるので、2ヵ月～

1年間15℃で樽熟成されます。樽熟成が多い品種のシャルドネでつくられたワインは、最低6ヵ月～1年間樽熟成が行われ、その後ビン詰めされます。

一方、ライト・ボディの赤ワインは、樽熟成せず、半年～1年間のビン内熟成で飲めるようになります。

またフル・ボディの赤ワインは、赤色の色素ポリフェノールやタンニンが非常に多く、発酵直後は渋味が強く、荒々しく、オフ・フレーバーも含まれます。そこで、これらのワインは、オーク樽で、1～2年間熟成されます。赤ワインが白ワインより長期の熟成や酸化に耐えられるのは、赤色色素やタンニンなどのポリフェノールが抗酸化剤として働くためです。樽熟成にも耐え、ビン熟成しても非酸化的に熟成が進むのです。


ところで、熟成中につくり出される香気はどうかというと、樽に入れて行われる酸化熟成では、コーヒーやチョコレート、キャラメル、ヘーゼルナッツ、クルミなどのローストしたナッツ類の香気が生成されます。一方、ビン内熟成、つまり還元的熟成では、ハチミツ、白い生のマッシュルーム、しょうが、ナツメグ、トースト香が生成されます。また、赤ワインには皮革、トリュフ、濡れた落ち葉の香りが生成されます。赤ワインでも白ワインでも熟成したワイン中では、フルーティーな香りを多く含みます。このフルーティーな香気を持つエステル類は、揮発性です。そのため樽熟成時に空気に触れると揮発します。さらにビン詰めの工程で、有機酸からエステルが生じます。揮発させないためにビン内熟成も重要です。

赤ワインのビン内熟成は、購入後も継続し、熟成によって生成される成分が増え、過熟成になることもあります。その結果、ワインのバランスが壊れることもあります。このようにいつまでも熟成し続けることがいいとは限らないのです。

ワインの熟成のしかた

ワインをはじめ多くの酒類には炭酸ガスが含まれており、スパークリング・ワインでない限りは、プチプチとした荒々しさを口内で感じるため、その荒々しさを除去する必要があります。また、発酵で生じたオフ・フレーバー（本来の食品の持つ匂いから逸脱した異臭）もあり、消去するためにタンクや樽、ビンで熟成されます。

ワインを熟成させる容器は3つあり、それぞれに特徴があります。それらはワイン製造責任者やワインのタイプによって、使い分けられています。

【ステンレスタンク】

ステンレスタンクは密閉性が高く、酸化や乳酸菌などの微生物の繁殖を防ぐことができます。また、衛生管理も容易なことから大量生産にも向いています。一般的に、フレッシュでフルーティーな白ワインや軽めの赤ワインで用いられます。

【樽】

前述の通り、樽熟成はワインの香気にとって重要な要素となります。樽は木製なので、熟成中に木の香り成分が加えられ、複雑な香気をワインに与えます。樽で熟成の最中に、木目から空気や水分が出入りし、酸化によって様々な変化が起こり、ワインの味や香りに影響します。

また、樽で熟成中のワインには乳酸菌などの微生物が働きます。マロラクティック発酵もこの時に起こります。さらに水分が蒸発して減ったりするので、温度を低く抑えたり、減った分を補填したりといった管理が必要です。

樽は、未使用の木製の樽のほかに一度使った中古の樽（古樽）を使用することがあります。新樽は、木の香りが強いワインとなります。一方、古樽では、木の香りが弱いワインになります。

【ビン（瓶）】

最後にビンによる熟成があります。これは、商品の最終形態であるビンに詰められてからの熟成です。樽やタンクなどでの熟成と違うのは、空気の出入りがほとんどないことです。ビンの口をコルクで栓をすると酸素の出入りがなくなり、空気に触れない還元的熟成となります。

有機酸に含まれるエステルが空気に触れ過ぎると香りの調和が失われます。特に香りや有機酸の調和が重要な白ワインやロゼワインでは、ビン熟成は不可欠な工程なのです。ただし、赤ワインのビン熟成でも、酸化すると香気成分が損なわれます。

光を避け一定温度での保管がたいせつ

さらに、ビン熟成では、タンニンなどの渋味ポリフェノールが重合することで、渋味がマイルドになります。このため製造工程だけでなく、レストランなどでは仕入後もビンのまま熟成させます。自宅でも購入した後に熟成させることができます。

ワインは、光、振動、高温・低温の刺激によって劣化しやすいです。特に光に弱く、直射日光だけでなく蛍光灯にも過敏に反応します。そのため、光に当たらない場所での保管が必要です。また、高温にも弱いため、温度を一定に保つことも重要で、現在では専用の恒温庫セラーも市販されています。これによって自分好みのワインを「育てる」ことができるのです。

特殊な方法で発酵・醸造されるボジョレー・ヌーボー

ボジョレー・ヌーボーは、「ボジョレー地区の新酒」という意味で、フランスのブルゴーニュ地方最南端のボジョレー地区で生産される赤ワインです。法律上、11月の第3木曜日に販売されます。世界各地の市場に最初のボトルを出荷するために、航空機を使ったりするなど流通業者が競うように流通させています。

日本は世界でも早く日付が変わる国の一つです。そのため、かつては一刻も早く飲むために、11月の第3木曜日に航空機で輸入したワインを空港の倉庫で飲むイベントなどもありました。

ボジョレー・ヌーボーは、「ガメイ」あるいは「ガメイ・ノワール・ア・ジュス・ブラン」というブドウからつくられます。ボジョレー地区の「石や片岩の多い土壌」のブドウ畑で栽培されています。フランスの法律では、ボジョレー・ヌーボー用のブドウは手摘みで収穫しなければなりません。また、収穫から出荷まで、わずか数週間しか発酵させません。そのために、特殊な方法で発酵され醸造されます。

マセラシオン・ボジョレー法／マセラシオン・カルボニック法

特殊な方法とは、マセラシオン・ボジョレー法あるいはマセラシオン・カルボニック法という醸造法です。

小規模ワイナリーでは、発酵によってつくり出した炭酸ガス（二酸化炭素）を充満させる伝統的な方法が用いられ、これをマセラシオン・ボジョレー法といいます。ブドウは潰さず、加圧密閉容器に入れて密封します。密閉タンクの中でいっぱいになったブドウ果実が自重で潰れ、自然に果汁を出してきます。また、ブドウの果皮についている酵母で自然に発酵が始まります。酵母の発酵によって生成した二酸化炭素の作用により、潰されていないブドウの内部でも発酵が始まります。さらに、二酸化炭素によってブドウの皮の細胞膜が破壊され、赤い色素であるアントシアニンが出やすくなります。これが赤ワインの赤い色になっていきます。

一方、大手のワイナリーでは、ブドウを入れた加圧密閉容器に人工的に二酸化炭素を充填して密封します。これをマセラシオン・カルボニック法といいます。伝統的なマセラシオン・ボジョレー法は、ブドウの細胞壁や細胞膜の破壊まで4～5

日、遅いと10日ほどかかります。しかし、人工的に二酸化炭素を充填して製造されるマセラシオン・カルボニック法は、ブドウの細胞壁や細胞膜の破壊まで2～3日しかかからないため、大量生産に向いています。

いずれの方法も二酸化炭素処理後は、ワインを取り出し（液抜き）、一般的な赤ワインをつくる時と同じようにブドウの皮や種を分離するために搾ります。搾った後は、液抜きしたワインを戻して混ぜ合わせます。

この時、アルコール度数が足りないようであれば、糖を添加してアルコール度数をあげます。ワイン中の沈殿物や浮遊物はフィルターなどを使って、ろ過するなどして取り除きますが、これら沈殿物や浮遊物は無害なため、そのまま商品化するワイナリーもあります。

日本では、ボジョレー・ヌーボーは毎年販売され、販売戦略的に成功したと考えられています。その一因として、日本人の「初物好き」が挙げられます。日本人は、江戸時代においてもカツオからお酒まで初物が出回ると、我先にと買い求めたという歴史があります。さらに、ガメイは、マセラシオン・カルボニック法によって、短期間にワインをつくることができるのです。また、輸送手段としてチャーター機やヘリコプター、プライベートジェットなどが使われ話題にもなることから、消費者の心を引き付けたのかもしれません。

腐ったブドウでワインはつくれるの？

腐ったブドウでワインをつくることがあります。単に腐って食中毒細菌が生育したものではなく、可食性がある腐り方です。

ワインには、果実にカビの一種のボトリティス・シネレア（*Botrytis cinerea*）が生育した灰色かび病の果実を使います。この灰色かび病は、果樹、野菜類、豆類、花卉《かき》など様々な農作物に生育してしまう深刻な植物病原菌です。ところが、白ワイン用品種の成熟した果皮にこの菌が感染したときのみ「貴腐《きふ》」と呼ばれありがたがられるのです。ブドウの果皮に「貴腐菌」が感染すると、表層のツルツルとしたロウ質が破壊され、水分が蒸発します。内部の果汁は飴色で粘度が高く、この果汁を発酵させることで、アルコールに変換しきれない糖が残り、芳醇な香りと甘味があるワインができるのです。　貴腐化したブドウを「貴腐ブドウ」と呼び、それを用いてつくられた極甘口のワインは「貴腐ワイン」といわれます。

「貴腐」は、カビが生育して腐敗したかに見え、見た目はよくありません。ところが、カビが生育することで天然の干しブドウができ、内部の果実は外見からは想像しがたいほどに糖度が増し、独特な芳香があり、甘味の強いワインが得られます。ドイツ語ではエーデルフォイレ（Edelfäule）、フランス語でプリテュール ノブル（Pourriture noble）と呼ばれ、どちらも「高貴なる腐敗」を意味します。そのため、日本語でもその訳には「貴腐」があてられます。

このワインは甘味が濃いために、濃い味の食材と合わせます。例えば、フォアグラとともに食したり、塩味の強いロックフォール・チーズと合わせたり、デザートワインとしても飲まれます。

貴腐ワインは偶然の産物

ところで、貴腐ワインの始まりはハンガリーとされ、ハンガリーのトカイとフランスのソーテルヌ、ドイツのトロッケンベーレンアウスレーゼを世界3大貴腐ワインと呼びます。

1650年頃のハンガリーはオスマン帝国による侵略を受け、ブドウの収穫ができませんでした。そのため、多くの生産者がワインの醸造を諦めました。ところが、ある生産者は「捨てるのはもったいない」と、腐った（貴腐菌が生育した）ブドウでワインをつくりました。カビの生えたブドウ（貴腐果）は、天然の干しブドウになっており、果実の糖度が高く、甘くておいしいワインができたことが発端だったとか。

また、ドイツでは1775年に、シュロス・ヨハネスブルクでブドウ畑を所有していたフルダ修道院からの収穫の許可が遅れたため、ブドウが腐り（貴腐菌が生育し）、このブドウでつくったワインが貴腐ワインだったとか…。どちらも、偶然に製法が見つかったことは間違いありません。

貴腐果

貴腐菌

天候に左右される貴腐ワインの出来

ブドウにボトリティス・シネレアを生育させ、貴腐果にする条件として、「朝に霧が発生して菌の生育に都合の良い温度や湿度状態になっていること」や「日中は晴天で空気が乾燥し、水分の蒸発が進行すること」が重要だといわれています。

また、これらの条件が1ヵ月以上続くことも必要といわれており、この間に貴腐化するのに不都合な天候変化が起こると、ただの腐敗になってしまうことも多々あるようです。

このように貴腐ブドウの生育条件は、自然環境に依存する部分が多いため、特定の産地や収穫年にしかつくられず、収穫の当たり年のワインはヴィンテージと呼ばれ、特に希少価値があります。超高品質の貴腐ワインを生産するフランス・ボルドー地方ソーテルヌ地区のシャトー・ディケムは、品質維持のために、不作の年には貴腐ワインを生産しません。

ブドウを壊滅させたフィロキセラ

ブドウネアブラムシ（フィロキセラ）は、アメリカ原産種の昆虫です。ほとんど目に見えないほど小さく、ブドウの根や葉に寄生した幼虫が樹液を吸って成長しブドウを枯死させます。フィロキセラはブドウの根に寄生するため、薬剤を散布することができません。そのためかつては、フランスで99％のワイン用ブドウが被害を受け、ヨーロッパのワイン生産量の2／3を失うほどの大打撃を受けました。これは1850年代にフランスの農業技術者がブドウの品種改良のために、アメリカ原産のブドウ苗木を輸入し、その苗木にフィロキセラが潜んでいたためです。

1863年には、フランスのコート・デュ・ローヌ地方でフィロキセラが発見され、その後、ドイツ中西部、スペイン南部、イタリアのシチリア島などでフィロキセラが確認され、被害が急拡大しました。

台木の接ぎ木によってフィロキセラ問題を解決

1873年に渡米し調査を行ったフランス・モンペリエ大学のジュール・エミー

ル・プランション博士は、アメリカ原産ブドウであるリパリア種、ルペルトリス種、ベルランディエリ種の根に、フィロキセラ耐性があることを発見しました。その後、1800年後半にかけて、フランスやイタリアで、アメリカ原産のブドウを台木にヨーロッパ原産のブドウの穂木を接ぎ木し、フィロキセラ被害を食い止めることに成功しました。

フィロキセラはヨーロッパ種ブドウが好き

フィロキセラはもともとアメリカに生育し、アメリカ原産ブドウの根は、耐性を持ったため、寄生しません。ところが、フィロキセラは、ヨーロッパやフランスで栽培されていたヴィニフェラ種のブドウが大好物で、ヴィニフェラ種には耐性がありません。そこで、耐性のあるアメリカ原産ブドウの根を台木にし、これまで栽培されてきたヴィティス・ヴィニフェラ種を穂木として接ぎ木するという対策法を実施し、解決できたのです。

ところが、当時、ブドウを台木にすることで、高貴なヨーロッパ原産のブドウの血統を汚すと信じていたワインメーカーが多くいました。そのため、ブルゴーニュでは、１８８７年までアメリカ原産ブドウを台木にする接ぎ木を禁止していたほどでした。

プレ・フィロキセラ

フィロキセラによって多くのワイン産地が壊滅状態となりましたが、チリ、オーストラリアの南オーストラリア州などは被害を免れました。また、被害に遭った国でも限定的に被害を受けなかった地域もありました。フィロキセラの被害に遭う前のブドウの木からつくられたワインは大変貴重で、プレ・フィロキセラと呼ばれ、マニアの間では珍重されています。

4　ワインと歴史

ワインの始まり

世界で最も古いワイナリー

ワインの起源は、人類が記録に残しているよりも遥かに古いとみられています。なぜなら、糖を含む果実を収穫し、果汁を絞れば、そこで自然界の酵母が発酵するため、比較的簡単にワインができるからです。実際、世界各地には、サルがつくった「ワイン」、つまりサル酒の伝説もあるほどです。

ワインが文献上に初めて登場したのは、紀元前5000年頃（日本では縄文時代前期）、世界最古の文学作品と呼ばれるメソポタミアの『ギルガメシュ叙事詩』においてです。古代メソポタミアの女王クババは、ブドウ酒の婦人という敬称が与えられています。

しかし、遺跡などの発掘によってすでに紀元前7000年代には中国で、紀元前6000年代にはジョージアで、紀元前5000年頃にはレバノンでワインがつくられていたと考えられています。

確実な証拠がある人為的なワイン製造は、紀元前4100年のアルメニア（地

アレニ洞窟内のワイン醸造所跡と甕

図）においてです。アルメニア南部アレニの町の近くのアレニ洞窟が、世界で最も古いワイナリーとされます。

アレニ洞窟からブドウを搾るプレス機や発酵槽、ビン、カップの遺物が発見されました。また、ワイン用ブドウ品種のヴィティス・ヴィニフェラの種子とブドウ房も発見されています。野生のヴィティス・ヴィニフェラ（亜種／シルヴェステリス）は、アルメニア、ジョージア、アゼルバイジャン、レバント北部、トルコ沿岸と南東部、イラン北部で生育していました。このようにアルメニアには紀元前４１００年からワインづくりの

環境が整っていたと考えられます。
ワインは、アルコールを含んでいるために細菌汚染が少なく、安全な飲料として飲まれる一方で、致酔作用による酔いの意識変化が、神と一体感となる信仰的儀式にも使われるなど、宗教的な要素もあります。ギリシャ神話では、豊穣とワインと酩酊の神の「ディオニュソス」（ローマ神

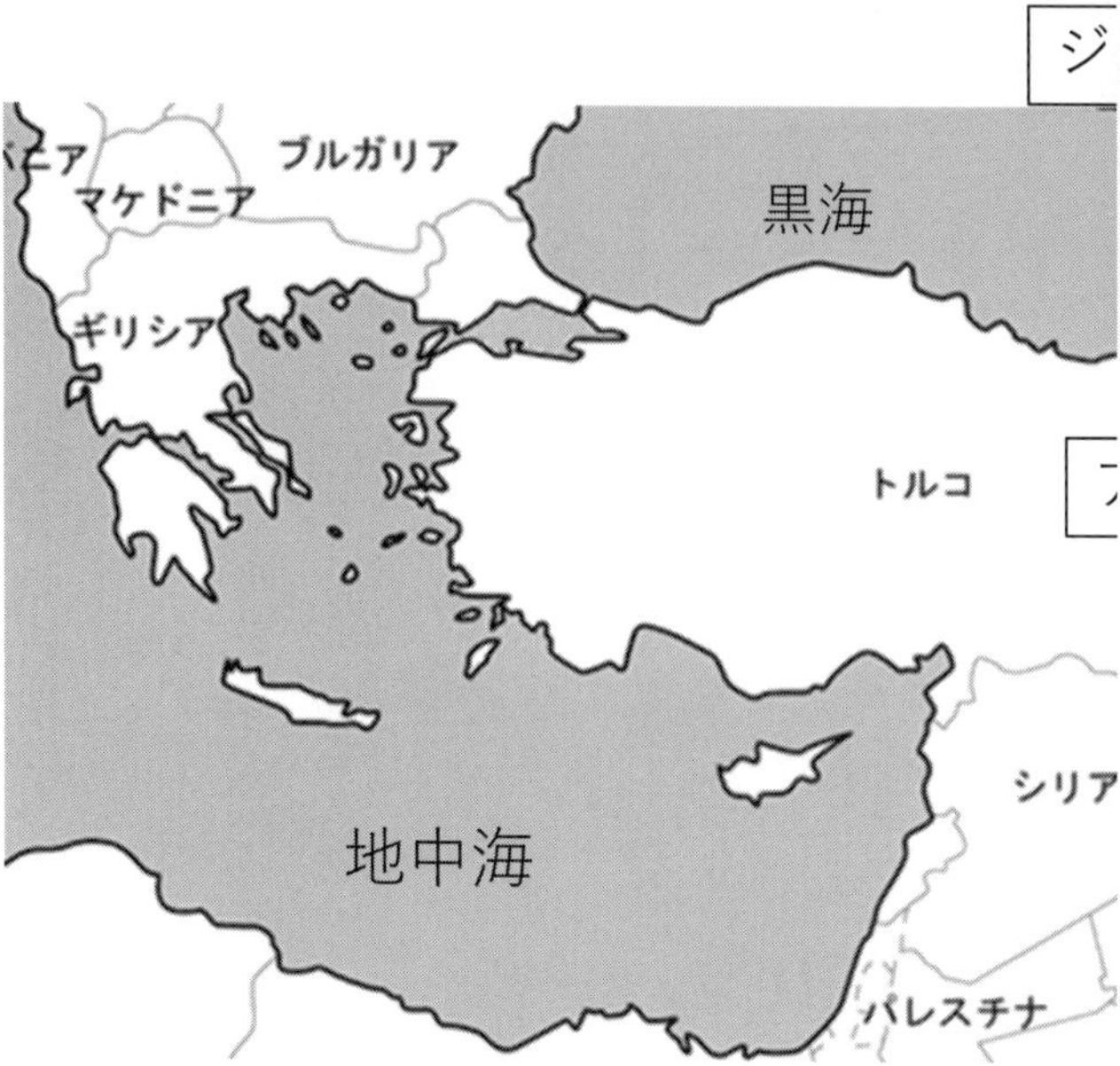

ヨーロッパ地図

話では「バッカス」）が崇拝されています。ユダヤ教では儀式において、ワインが飲用されます。キリスト教でも、ワインはイエス・キリストの血の象徴として、重要なものとなりました。

中国では、紀元前7000年頃から多くのワインがつくられていました。

しかし、中国では、漢時代までには穀物からつくる酒が支持されるようになり、ワインづくりの文化や技術は途絶えてしまいました。

旧石器時代の遺跡からは、ブドウや米からつくられた酒、ビール、白酒を含む様々なタイプのアルコール飲料の痕跡が発見されています。そのなかには「山ブドウ」を利用し、ワインを生産した痕跡もありました。

ワインとキリスト教

修道院の役割

ワインとキリスト教には非常に深い関係があり、その代表例が「ミサ」「聖餐」などで、宗教行事においても欠かせないものです。世界のキリスト教信仰国がワイン大量消費国でもあるのはそのためです。世界でキリスト教を信仰している人は、24億人で1位を占めています。2位はイスラム教で15億人、3位はヒンドゥー教で9億人、仏教は4億人で4位です。

キリスト教のカトリックの総本山であるバチカン市国では、1人当たり年間約54

「聖餐式」パンが配られている

リットル（1日約グラス2杯）を消費し、世界でも有数となっています。

　またキリスト教国では、赤ワインを多く消費し、全体の約6割を占めていますが、それは、赤ワインをキリストの血の象徴として神聖化しているからです。新約聖書にある福音書「ルカ伝」や「マタイ伝」によると、キリストが処刑される前日に弟子12人との「最後の晩餐」で、次のように言ったと伝えられています。

　パンをちぎって弟子に配り「取って食べなさい。これは私の体です」、ワインを杯に注ぎ「杯を受けて飲みなさい。これは私の血の杯です」。つまり、「パンは私の肉体、ワインは私の血だ」というのです。修道院や教会において行われる「聖餐式」という儀式では、パンとワインが出され、これを口にして自らの罪に対し神であるキリストの許しを得ます。そのため、キリスト教におけるワインは、他のアルコール飲料とは異なり特別な意味を持っているのです。

キリスト教の布教に伴って、ワインは世界各地でつくられるようになりました。各地ではブドウ栽培に適した土地が探され、ヨーロッパの品種だけでなく、それぞれの土地に固有のブドウ品種でワインがつくられました。中世頃から、キリスト教の修道院において、ブドウ栽培やワインづくりが行われました。修道院は基本的に自給自足の生活です。そのために、多くの修道院は専用のブドウ畑を持ち、院内でワインをつくり、自分たちで飲用していました。

また、ヨーロッパでは飲料水事情が悪く、ワインは「安全な水」として飲まれていました。同時期、ブドウが育たない地方では大麦が育てられ、修道院ではビールがつくられ、「安全な水」として提供されていました。

中世時代、王家や高位の人たちは旅行の際、修道院に宿泊していました。そのため、キリスト教の修道院は、いわば高級ホテルの役割も果たしていたのです。当時の日本でも寺院は高級ホテル代わりで、中世時代の武将織田信長などは、本能寺などの寺院を宿泊所にしていました。

修道院では、貴賓をもてなすには品質の良いワインがうってつけでした。そこから味わいの良いワインをつくる技術がより発達し、多くの修道院でワインづくりが盛んになりました。

時代が下って、15世紀半ばから17世紀半ばまでの大航海時代には、宣教師たちがキリスト教布教のためにワインを持って、世界中へ出て行きました。日本では、戦国時代に来航した宣教師が織田信長などの有力大名に謁見《えっけん》し、赤ワインを献上し、布教の許可を得たことが伝えられています。

ワインと樽

オーク材がよい理由

古代ギリシャやローマのようなワイン産地では、ワインの製造や運搬は陶製の容

アンフォラ

器（アンフォラ）に入れて運ばれていました。その際は木製の栓をし、松脂で封をし、密閉して運んだといわれます。ところが、素焼きの甕《たしらか》のアンフォラは、耐久性が低く、輸送の途中で損傷して、中身が失われることもありました。

3世紀にローマ人は、現在のフランス・ベルギー・スイスおよびオランダとドイツの一部のケルト人との戦争などを通じて、ケルト人の文化に触れることになります。フランス西部をガリアと呼び、ガリアの森で生活をしているケルト人を「ガリア人」といいました。彼らは森の木々を道具として使うことに習熟しており、金属の「箍《たが》」で木の板を張り合わせた丸い丈夫な樽を作る技術に長けていたのです。樽は素焼きのアンフォラと異なり、壊れにくく、飲料としても重要なワインを遠い前線にいる兵士に届けることができたのです。

オーク材の樽は、水気にさらされても丈夫で腐りにくく、ローマ人はガリア侵入・征服後、この技術を入手し、ワインなどの液体を運ぶ容器として用いました。

さらにオーク材は、樽だけでなく、木造船の材料としても使われ、大航海時代には、ヨーロッパ中のオーク材を使って、木造の巨大な船や戦艦までつくっていました。

16世紀末頃にヨーロッパで、樽の新しい価値が見出される出来事がありました。フランスのコニャック地方でつくられたブランデーをアメリカ大陸に輸出した際、降ろすのを忘れてフランスに持ち帰ってしまったのです。このブランデーを開けてみると、アルコールの液体に茶色がかった色が付き、さらに特別な香りと味わいが加わっていたのです（当時のブランデーは、透明な液体でした）。今でいう「樽熟成」が行われたのです。オークは、日本では樫《かし》と呼ばれ、植物分類学的には橅《ぶな》の仲間です。

オーク材の樽で酒を貯蔵すると、リグニンなど木に由来する物質からバニラの香りを想起させるバニリンが生成されます。透明なはずの蒸留酒が琥珀色になり、バニラの香りがすることに、昔の人は驚いたに違いありません。この技術はワインにも応用されました。樽の中で熟成されたワインは、バニラの香気を持ちます。ま

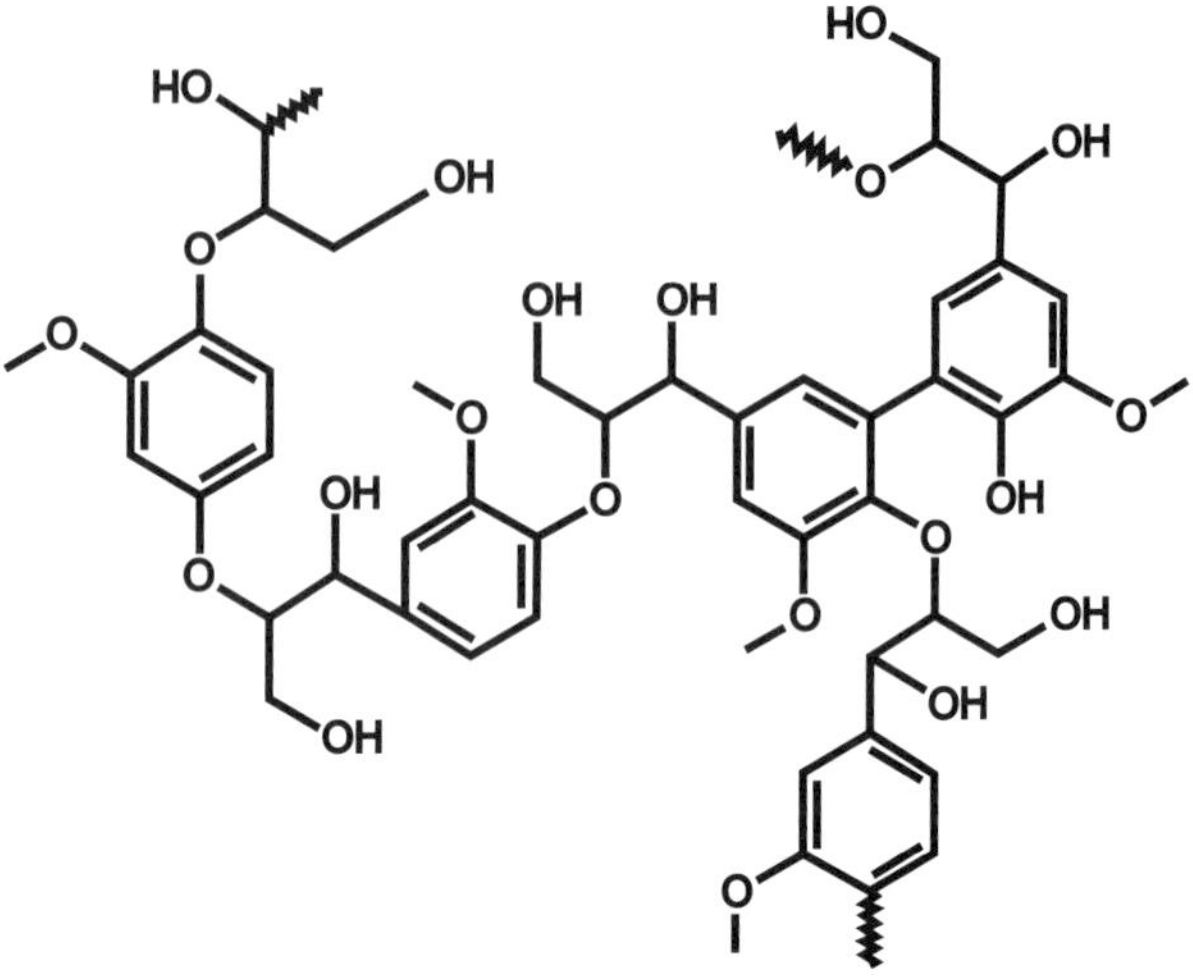

リグニンの構造

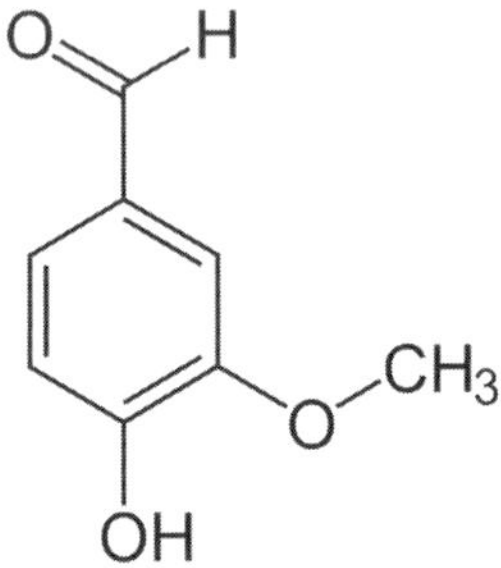

バリニンの構造

た、木材由来のポリフェノールなどを含有したタンニン類が溶出して、ワインに渋味や風合いを与えます。

それまでのワインは、ブドウ原料に由来する香気と発酵によって味わいが付与されるだけでしたが、樽内でワインを熟成させることで樽材から出る香気に加え、熟成によって生じる香気も加わり、香りが複雑かつ深いものになり、タンニンの荒々しさがマイルドになるなど味わいもまろやかで旨味が感じられるようになったのです。

偉人とワイン　～クレオパトラ～

デザートワインの元祖

クレオパトラ7世が愛飲していたとされるワインの一つが、地中海に浮かぶ小さな島キプロスの「コマンダリア」という甘いワインです。キプロスではワインは紀元前2000年頃からつくられていたとされ、「コマンダリア」は、紀元前800年の文献に登場する最も古いデザートワインといわれています。

「コマンダリア」は、キプロスの固有品種のマヴロ（Mavro）とジニステリ（Xynisteri）の完熟ブドウからつくられます。まず、収穫した後に、ブドウを藁《わら》の上で天日干しし、干しブドウをつくります。天日干しで糖度の高まった干しブドウを圧搾して果汁を得て、発酵後、樫の木の樽に最低4年以上寝かせます。自然発酵だけでアルコール度数は15度になります。

当時キプロスは、プトレマイオス朝エジプト王国が統治していましたが、クレオパトラの父であるプトレマイオス12世の時代に古代ローマに併合され、ローマの属州となりました。その後、プトレマイオス朝もローマに接近していくようになります。クレオパトラがキプロスの甘いワインを好んだとしても不思議ではありません。

クレオパトラのもう一つのお気に入りは、シルクロードの要所であるジョージア（かつてグルジアと呼ばれていた）のワインです。この地は、約８０００年前からワインづくりが行われており、「ワイン発祥の地」といわれています。古いワインの歴史を持つジョージアワインは、「クレオパトラの涙」とも呼ばれています。

ジョージアワインは、「クヴェヴリ」という素焼きの壺で発酵させます。もしかしたらこの発酵技術は、ローマ時代に使われていたアンフォラを用いたワイン発酵法に通じるのかもしれません。クレオパトラは、交易によって運ばれたジョージアワインを愛したといわれているのです。

なおジョージアワインの伝統的製造法は、2013年にユネスコ世界無形文化遺産に登録され、世界でも再注目されています。

偉人とワイン　～アレキサンダー大王～

32歳で早逝の原因は何か？

アレキサンダー（アレクサンダー）大王ことアレクサンドロス3世は、わずか10年で地中海からインドに至る広大な帝国を築きながら、32歳で早逝《そうせい》しました。しかし、ワインに関しての逸話が数多く残されています。

アレキサンダー大王が、当時アジア最強と謳《うた》われたペルシアを打ち破ったイッソスの戦いで、犠牲となったギリシャ側の多くの戦死者をワインや聖水で洗うという儀式を行い、アレキサンダー大王自らワインで死者ひとり一人への礼を捧げたといいます。

アレキサンダー大王は大のワイン好きで、ワインのお陰で死を免れたという逸話もあります。アレキサンダー大王に恨みを持った近習達は、暗殺計画を立て、就寝中のアレキサンダー大王を殺害しようとしました。しかし、計画実行の日、アレキサンダー大王は徹夜でワインを飲み続けて朝方まで起きていたため、暗殺計画は未遂に終わったというのです。

またアレキサンダー大王は、宴席の人々とともにワインを飲んで酩酊《めいてい》し、父のマケドニア王フィリッポス2世を軍人として無能だと侮辱《ぶじょく》したともいわれています。

近年の研究によってアレキサンダー大王の若すぎる死因についてもわかってきました。これまでは毒殺説やワインの飲み過ぎによる肝臓病説などが提唱されていましたが、近年では医学的見地からマラリアか腸チフスの可能性が高いという説が有力です。

偉人とワイン　～ナポレオン～

勝利の酒「シャンベルタン」

ナポレオン・ボナパルト（ナポレオン1世）はワイン好きとしても有名でした。特にお気に入りの一つだったのは、ブルゴーニュ地方のジュヴレ・シャンベルタン村の特級畑、「シャンベルタン」でつくられたワインです。戦いに出向く前には必ず、勝利を祈念してシャンベルタンのワインを飲んでいました。

元々、ジュヴレ・シャンベルタン村は「ジュヴレ村」という名前でした。ここにはベース修道院があり、この修道院がつくる「クロ・ド・ベーズ」というワインが有名でした。ベルタンという農夫は、その名声にあやかろうと修道院の隣の畑でワインをつくったのです。それが評判となり、その畑を「ベルタンの畑（シャン）」、つまり「シャン・ド・ベルタン」と呼ぶようになり、後に「シャンベルタン」という名前になりました。このワインは色が濃く、芳醇で、力強さと品格を備えており、「ブルゴーニュの王」と呼ばれます。

ナポレオンは、多くの戦いで勝利し、皇帝まで昇りつめました。その陰にはシャンベルタンを飲んで必勝祈願したことが挙げられます。唯一、戦いの前にシャンベルタンを飲まなかったときがあります。それがロシア遠征です。「シャンベルタン」というラッキーアイテムを飲まなかったせいか、ロシア領内で、冬将軍に行く手を阻まれてフランス軍は大敗し、この敗戦がナポレオン失脚へとつながってしまったのです。

また、ナポレオンは、シャンパーニュ（発泡性ワイン）も好み、高級シャンパーニュの「ドン・ペリニョン」のメーカーであるモエ・エ・シャンドンのお得意様でした。モエ・エ・シャンドン発祥の地にある現在の本社（エペルネー）には、ナポレオンが試飲した「ナポレオンの部屋」があります。そこには皇帝が眠ってもいいようにソファーが用意されていました。また、ナポレオンからの注文ノートも残っています。注文を受けたのは三代目のジャン・レミー・モエで、その縁もあり、皇帝ナポレオン1世の生誕100年を記念して、アンペリアル（皇帝）を冠した銘柄が誕生しました（現在でも販売中）。またジャンは、ナポレオンだけでなく、国外の王侯貴族と篤い信頼関係を結び、モエ・エ・シャンドンを今のような有名メー

サーベラージュ

カーの地位にまで築き上げたのです。

ナポレオンは「余の辞書に不可能の文字はない」といったといわれていますが、「余はシャンパーニュなしでは生きられない」といったとも伝えられます。

ナポレオンは、勝利を祝した宴会で軍人らしく、刀（サーベル）でシャンパーニュボトルのコルク部分を切り落とす「サーベラージュ」（あるいはシャンパンサーベル）という儀式を行いました。これは長めの刀を一閃して、コルク部分を切り落とすという華々しい演出です。現在も結婚式やパーティーで行われることがあります。

偉人とワイン　～初めてワインを飲んだ戦国武将～

はじめは滋養強壮剤だった？

日本の戦国時代の三傑といえば、織田信長、豊臣秀吉、徳川家康です。三傑の中で最初にワインを飲んだのは、誰でしょうか。

それは、織田信長だといわれています。

織田信長は、1569年（永禄12年）に宣教師ルイス・フロイスからバナナ、ガラスビンに入った金平糖とワインを献上され、口にしてたいそう喜んだといわれています。

このようにスペイン・ポルトガルとの貿易を通じ、新奇な物が織田信長の元へ届けられ、旺盛な好奇心を刺激したことでしょう。

戦国武将で日本で初めてワインを飲んだのは薩摩国の大名島津貴久でした。

イエズス会の宣教師兼通訳でもあったジョアン・ツズ・ロドリゲスが記した『日本教会史』には、「1543年にポルトガル人は、ヨーロッパ人として初めて日本に上陸（このとき種子島に鉄砲が伝来）。その6年後には、キリスト教を伝道するためにフランシスコ・ザビエルが来日し、島津貴久に謁見しました。この時美しいガラスビンに入った「赤い酒」を献上し、キリスト教伝道のために用いる「赤ワイン」を島津公が味わった」と記されています。

その後、ザビエルは書簡で「日本の主食は米であり、その米から酒をつくっているが、しかし、そのほかに酒というものはない」と記しています。また、永禄年間に宣教師として訪れたルイス・フロイスは、『日本史』の中で、「酒は米からできているが、ブドウからつくられたワインはヨーロッパからの輸入品で、これはミサに使用するためのものか、あるいは薬として使用するかである」と記しています。

戦国末期には、ブドウ酒（ワイン）は織田信長によって飲まれるようになったといわれます。江戸時代初期には、豊前小倉藩主の細川忠利がブドウ酒をつくらせたとの記述もあり、さらには伊達政宗は、城内に酒をつくる職人を住まわせ、そこで酒類を醸造していたといわれます（御酒屋、別名榧森屋敷）。その中にはブドウ酒造りも含まれていました。日本では山ブドウからつくるブドウ酒が一般的となり、滋養強壮剤として飲まれるようになったのかもしれません。

ワインとガラスビン

ドイツの海底で発見された300年前のボトル

2019年6月のクリスティーズのオークション（競売）で、最古のガラスボトルに入れられたワインが出品されました。ワインボトルが発見されたのは、2010年のこと。ドイツ沿岸沖の海底調査が行われた際、水深40メートルで朽ち果てた難破船の中から、ワインボトルが14本入った籐の篭に似たものが発見されました。その1本が開栓され、ブルゴーニュ大学で分析されました。液体に酒石酸が含まれていたことからブドウからつくられたワインであるとされました。豊富なタンニン分解産物が確認され、ポリフェノールの一種であるレスベラトロールも見つかり、アルコールも検出されました。よって、これは1670年から1690年の間につくられた最古のワインボトルであると結論付けられたのです。

実際に飲めるかは不明ですが、クリスティーズは、1本で3万2942ドル（約356万円）から3万8010ドル（約411万円）の価値になると予想しました。

ところで、歴史上で最も古くガラス製容器が使われたのはいつからでしょうか？ それは、紀元前１５００年頃といわれ、エジプトや西アジアで多数発見（中身は入っていない）されています。当初ガラスは、高級品として王族などの間で使われていました。しかし、ローマ時代以降に吹きガラス製法が開発されて、一般の人にも普及していきます。

18世紀には、ガラス加工の技術が向上し、ワインの保存容器として用いられるようになりました。同時に密栓するために伸縮作用のあるコルクの利用も始まり、ワインを酸化させることなく、熟成できるようになりました。

コルクとワイン

高級ワインは5・5㎝以上

ワインのボトルの栓にはコルクが用いられ、密栓されています。このコルクの長さは3㎝ほどのものから6㎝ぐらいのものまであり、高級ワインの場合は5・5㎝以上のコルクが使われます。長いコルクほど酸素を通しにくく、密閉性が高まり、長期熟成に耐えうるのです。そのため高級ワインでは長いコルクが不可欠です。

コルクは、コルク樫という木の樹皮を厚く剥《は》がして、円筒形に打ち抜いてつくられています。木は伐採しないでおくと、成長して再びコルク用の樹皮を採取できるようになります。長いコルクの採取には、10年ほどかかるため、天然コルクは高価です。近年では、コルクを砕いて圧搾してコルク栓のようにした圧縮コルクや、圧縮コルクと天然コルクを組み合わせたコルクや、プラスチック製コルクなどが使われています。

コルクは、約2000〜4000年前に、アンフォラの栓として使われました。ワインのガラスビンの栓として使用が始まったのは18世紀と、ずっと後になってからです。このコルクとガラスビンとの出会いが、ワインの長期熟成を可能とし、美味しさをもたらしてくれたといってもよいでしょう。また運搬性がよいことから、ワインは世界中に運ばれるようになりました。

17世紀後半にオランダの科学者、アントニー・レーウェンフックが単式顕微鏡を作製して、様々なものを観察しました。これは虫眼鏡に近いものでしたが、倍率は

200倍以上にも達し、当時としては画期的な発明でした。レーウェンフックは、この顕微鏡で微生物などを発見しています。また同じ時期に、イギリスの自然哲学者・建築家・博物学者でロンドンのグレシャム大学の幾何学教授のロバート・フックが、対物レンズと接眼レンズの2枚のレンズを組み合わせた複式顕微鏡を作製しました。これは現在の顕微鏡と同じ原理で、より小さなものを観察することができます。

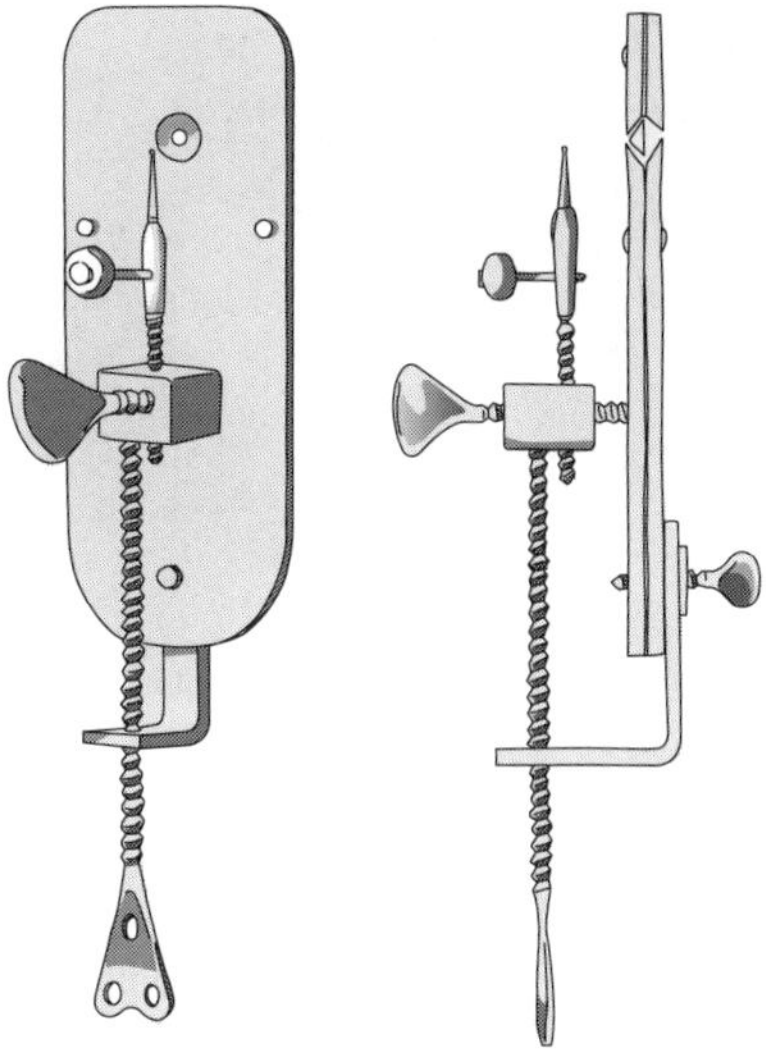

レーウェンフックが開発した顕微鏡

フックは、ワインに使われていた（かもしれない）コルクを用い、コルクの組織を観察しました。それが蜂の巣の房室のごとく小さな部屋の集まりに見えたことから、小部屋（cell）と命名しました。この小部屋は、

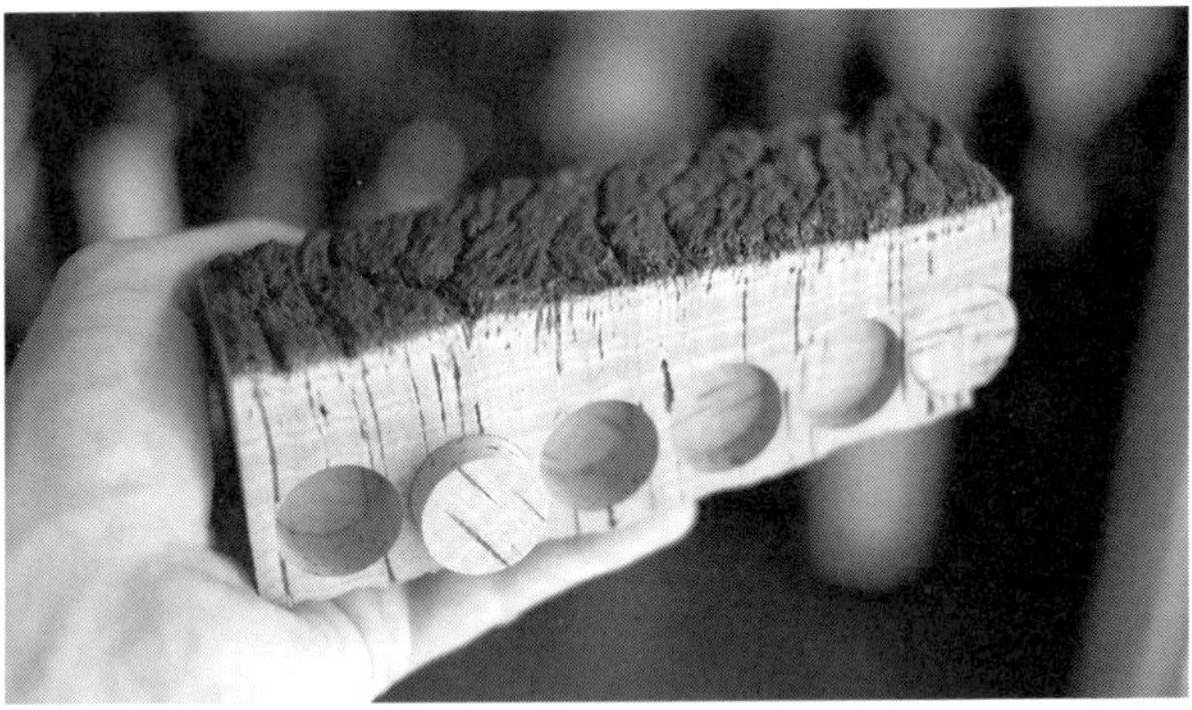

コルク樫

転じて生物学の「cell（細胞）」という言葉として使われるようになりました。死んだ細胞ではありましたが、植物の細胞が初めて観察されたのです。また、発酵中のもろみの微生物である「酵母」も確認されています。

　フックは、健全な酵母を確認する顕微鏡を発明し、コルクの観察により、細胞という生物学的な大発見をしました。さらに力学や天文学、建築学にまで造詣が深く、天才といえるでしょう。

シャンパーニュより古いスパークリング・ワイン

古代製法（メソッド アンセストラル）とは

シャンパーニュは、フランスのシャンパーニュ地方特産の高級スパークリング・ワイン。キリスト教・オーヴィレール修道院の修道士ドン・ペリニョンが製法を確立したと伝えられ、ビン内2次発酵させる工程で知られています。また、アッサンブラージュと呼ばれるブレンド技術や、ビン内発酵前に糖を含んだワインを添加するティラージュ工程、味調整などのために酵母を取り除く中で、減ったワインを補うドザージュ工程も特徴です。ところがフランス南部ラングドック地方リムー地区サンティレール修道院には、シャンパーニュ地方より古い時代からつくられていたスパークリング・ワイン「ブランケット・ド・リムー」があるのです。

「ブランケット」という語は、リムー地区でしか使われておらず、原産のブドウ品種モーザックを意味しています。ブランケット・ド・リムーは、リムー地区の「炭酸入りワイン」というわけです。一般的にはシャンパーニュよりも、格下に見られがちですが、シャンパンの父ともいうべきドン・ペリニョンが生まれる100

年近く前（1544年）にスパークリング・ワインがつくられていたのです（ドン・ペリニョンは1638年生まれ）。

これら2つのスパークリングワインは、同じビン内2次発酵のスパークリング・ワインですが製法は異なります。

シャンパーニュの製法は、1次発酵でブドウ果汁を発酵させて糖分をアルコールにします。その後、糖分と酵母を足してビンに詰め、密栓します。ビン内で2次発酵することで二酸化炭素が閉じ込められ、発泡性を持つようになります。つまり1次発酵で十分に発酵させることで十分なアルコールが得られるのです。さらにビン内2次発酵時に、加糖することで二酸化炭素の生産も品質も安定します。

一方、ブランケット・ド・リムーの製法は、まだアルコール度が低い1次発酵の段階で、酵母の大半を取り除きます。そうすることで糖分を残したまま発酵を途中で停止させます。その後、低い温度で翌春まで置き、気温が上がって発酵が再開したところでビン詰めし、そのままビン内2次発酵をさせて泡をつくります。この場合、発酵を安定させて製造するのが難しくなるというわけです。

このようにシャンパーニュ製法の方が、安定して製品をつくることができ、商業的に優れていたため、リムー式はほぼシャンパーニュ式に置き換わりました。そのためブランケット・ド・リムーの製法は、古代製法（メソッド アンセストラル）と呼ばれ、現在では小規模の生産者しか用いていません。

ボルドーワインの公式格付け
110年かかった悲願

1855年、パリにおいて万国博覧会（史上初の万国〈国際〉博覧会は、1851年ロンドン）で開催されました。当時の皇帝ナポレオン3世は、大半がイギリスに輸出されていたボルドーワインを農産部門の目玉に据え、さらなる輸出拡大を図るべく、わかりやすくするためボルドーワインの格付けを命じました。背景には、ライバルのイギリスに対抗するため、ロンドンを超える規模の万国〈国際〉博覧会を何としても成功させなくてはならなかったという事情がありました。

そこで目をつけたのが、輸出品の代表ボルドーワインだったのです。

ボルドー市は商工会議所に依頼し、ワインの仲買人が、それまでのメドック地方のシャトーの評判や市場価格、取引などを基準にメドック地方の60のシャトーの赤ワインを1級から5級までの5段階に格付けしました。この企画は大成功し、今日まで続く「ボルドーワインの『公式』格付け」となっています。ただ、もともとは商工会議所による余興的な順位付けだったので、特例的にメドック地方ではない隣のグラーブ地区のペサック・レオニャンというワインも1級に格付けされました。

ところがこの時、下位に格付けされた、あるいは格付けからもれたワイナリーのオーナーは怒りが収まりません。そこで例外として、パリ万国博覧会の翌年の1856年にシャトー・カントメルルが5級に追加されました。当時のシャトー・カントメルルは、ボルドーの仲買人を通さずに直接オランダの買い手と交渉をしていたため、知られていなかったことが格付けの対象から外れた原因でした。しかし、オランダで好評を得ていることが認められ、5級の格付けがなされたのです。

また1973年には、シャトー・ムートン・ロートシルトが2級から1級の格付けに昇格しました。これはナサニエル・ド・ロッチルド男爵の曾孫、フィリップ・

ド・ロッチルドが、20年にわたるロビー活動の末、当時の農務大臣であったジャック・シラク（のちに第22代フランス大統領）による承認を受けたことによるものでした。まさに１８５５年から１１０余年にわたる悲願が達成されたのです。

１８５５年当時のオーナーだったナサニエル・ド・ロッチルド男爵は、「我１級たり得ず、されど２級たることに甘んぜず。我ムートンなり」と、言葉を残しています。また、曾孫のフィリップ・ド・ロッチルドは、昇格を果たした１９７３年のラベルに「我１級なりぬ、かつて２級なりき、されどムートンは不変なり」の言葉を残しており、一族の執念を感じさせます。ちなみにこれ以降、わずかな例外を除き格付けは変更されていません。

ボルドーワインの「公式」格付け

	シャトー	AOC	備考
第1級	シャトー・ラフィット・ロートシルト	ポイヤック	
	シャトー・ラトゥール	ポイヤック	
	シャトー・ムートン・ロートシルト	ポイヤック	1973年に2級から昇格
	シャトー・マルゴー	マルゴー	
	シャトー・オー・ブリオン	ペサック・レオニャン	名高いシャトーであったため、唯一メドック以外の地区から選出。
第2級	シャトー・コス・デストゥーネル	サン・テステフ	
	シャトー・モンローズ	サン・テステフ	
	シャトー・ピション・ロングヴィル・バロン	ポイヤック	シャトー・ピション・ロングヴィルが分裂
	シャトー・ピション・ロングヴィル・コンテス・ド・ラランド	ポイヤック	
	シャトー・デュクリュ・ボーカイユ	サン・ジュリアン	
	シャトー・グリュオ・ラローズ	サン・ジュリアン	
	シャトー・レオヴィル・バルトン	サン・ジュリアン	シャトー・レオヴィルが分裂
	シャトー・レオヴィル・ラス・カーズ	サン・ジュリアン	
	シャトー・レオヴィル・ポワフェレ	サン・ジュリアン	
	シャトー・デュルフォール・ヴィヴァン	マルゴー	
	シャトー・ラスコンブ	マルゴー	
	シャトー・ローザン・ガシー	マルゴー	
	シャトー・ローザン・セグラ	マルゴー	
	シャトー・ブラーヌ・カントナック	マルゴー	
第3級	シャトー・カロン・セギュール	サン・テステフ	
	シャトー・ラグランジュ	サン・ジュリアン	
	シャトー・ランゴア・バルトン	サン・ジュリアン	
	シャトー・フェリエール	マルゴー	
	シャトー・マレスコ・サン・テグジュペリ	マルゴー	1855年当時に同じく3級であったシャトー・ドゥビニョンを吸収
	シャトー・マルキ・ダレーム・ベッカー	マルゴー	
	シャトー・ボイド・カントナック	マルゴー	1855年当時のシャトー・ボイドが分裂
	シャトー・カントナック・ブラウン	マルゴー	1855年当時のシャトー・ボイドが分裂
	シャトー・デスミライユ	マルゴー	

	シャトー	AOC	備考
第3級	シャトー・ディサン	マルゴー	
	シャトー・キルヴァン	マルゴー	
	シャトー・パルメ	マルゴー	
	シャトー・ジスクール	マルゴー	
	シャトー・ラ・ラギュンヌ	オー・メドック	
第4級	シャトー・ラフォン・ロッシェ	サン・テステフ	
	シャトー・デュアール・ミロン・ロートシルト	ポイヤック	
	シャトー・ベイシュベル	サン・ジュリアン	
	シャトー・ブラネール・デュクリュ	サン・ジュリアン	
	シャトー・サン・ピエール	サン・ジュリアン	
	シャトー・タルボ	サン・ジュリアン	
	シャトー・マルキ・ド・テルム	マルゴー	
	シャトー・プージェ	マルゴー	1855年当時に同じく4級であったシャトー・プージェ・ラサールを吸収
	シャトー・プリュレ・リシーヌ	マルゴー	
	シャトー・ラ・トゥール・カルネ	オー・メドック	
第5級	シャトー・コス・ラボリ	サン・テステフ	
	シャトー・バタイエ	ポイヤック	シャトー・バタイエが分裂
	シャトー・オー・バタイエ	ポイヤック	
	シャトー・クレール・ミロン	ポイヤック	
	シャトー・クロワゼ・バージュ	ポイヤック	
	シャトー・ランシュ・バージュ	ポイヤック	
	シャトー・ランシュ・ムーサ	ポイヤック	
	シャトー・オー・バージュ・リベラル	ポイヤック	
	シャトー・ダルマイヤック	ポイヤック	
	シャトー・グラン・ピュイ・デュカス	ポイヤック	
	シャトー・グラン・ピュイ・ラコスト	ポイヤック	
	シャトー・ペデスクロー	ポイヤック	
	シャトー・ポンテ・カネ	ポイヤック	
	シャトー・デュ・テルトル	マルゴー	
	シャトー・ドーザック	マルゴー	
	シャトー・ベルグラーヴ	オー・メドック	
	シャトー・ド・カマンサック	オー・メドック	
	シャトー・カントメルル	オー・メドック	

AOC：原産地呼称

5　料理とワイン

食前酒の効能

食事中や食前はワインなどのお酒が飲まれます。特に食前酒は、食欲を増すために重要視されています。低濃度のアルコール溶液は、胃内容物の十二指腸への排出を促します。例えば水やお茶を飲むと、すぐにお腹いっぱいになりますが、ビールやワインであれば何杯も飲めます。この理由の一つはガストリンというホルモンが、ビールやワインの刺激によって、より分泌されやすくなって、胃にたまった飲料を十二指腸へ排出する作用が働くためです。食事も同じで最初に飲んだアルコール飲料（食前酒）の作用によって、胃が活発になり消化液が多く分泌されることで食欲が増し、料理をより美味しく食べることができるのです。

ガストリンは直鎖《ちょくさ》ペプチド（アミノ酸が複数結合）のホルモンですが、ガストリンはまず、前駆体《ぜんくたい》である長鎖《ちょうさ》のペプチドとして生成されます。その後、構成する一部のペプチド鎖《さ》が切断され、活性化したペプチドのホルモンとなります。血液中を循環しているペプチドのうち最も多いのは34残基《ざんき》ペプチドのガストリンですが、生理活性が最も強いのは、最も小さい17残基ペプチドです。ガストリンは胃粘膜のG細胞でつくられ、胃の入口近くの運動を抑制し、出口近くの運動を促す働きがあります。また、こうしたガストリンの効果は、ビールで最も高く、次いでワインとなっています。蒸留酒であまり効果が見られないのは、ビール中の炭酸ガスやワインやビールなどの醸造酒の成分が関与しているのかもしれません。

腸内フローラを整える

さらに、ワインは有機酸の含有量が多く、このことも有利に働きます。ワインの有機酸は、腸内のpHを下げる働きを助けるとされます。腸内が弱酸性になると善玉菌が優勢になり、腸内環境が良好な状態に保たれるのかもしれません。腸内には様々な菌が存在し、腸内フローラと呼ばれます。様々な菌がお花畑のように存在しているため、フローラと名づけられたという説もあります。

腸内フローラは、日和見菌《ひよりみきん》と善玉菌、悪玉菌の3つに大きく分けられます。日和見菌は、ふだんは悪影響を及ぼしませんが、悪玉菌が優勢になると悪さをするという、つまり日和見的に働く菌です。善玉菌は、ビフィズス菌のように乳酸をつくっ

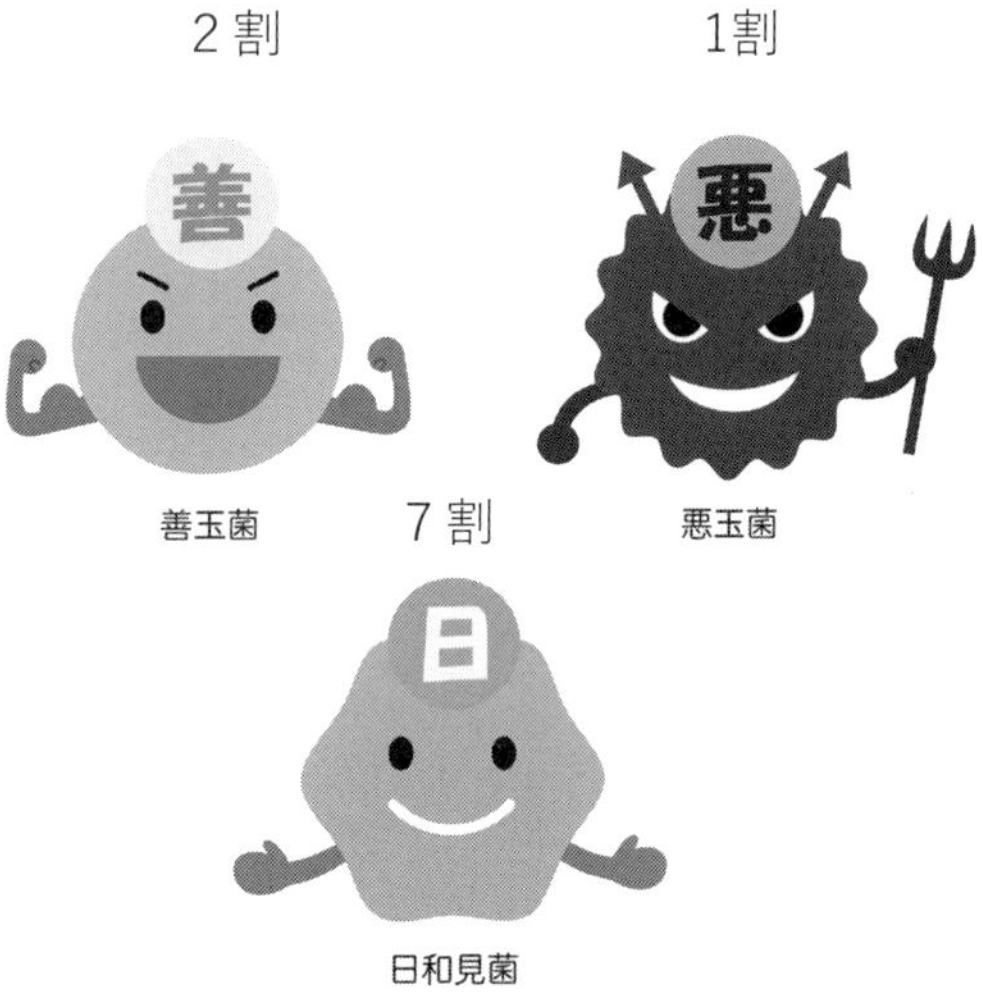

理想的腸内細菌の割合

て、腸内を健全に保とうとします。また悪玉菌は、食中毒細菌とも呼ばれるウェルシュ菌などです。おならが臭い元凶となる菌でもあります。しかし、悪玉菌にも酪酸という酸をつくり、善玉菌を助けてくれるような菌もいることから、全くいなくなっても困ります。日和見菌7割、善玉菌2割、悪玉菌1割が理想的な菌の割合となります。

ワインを飲むことで、理想的な比率に整えてくれるというわけです。腸内環境が改善され、新陳代謝が促進されるので、血流が良くなり消化が促されます。また、肌荒れや便秘、下痢なども改善できます。さらに白ワインには味覚や嗅覚の器官を刺激して、唾液の分泌を促進したり、消化酵素の分泌を促し、胃酸などの消化液の生成を促進したりする効果が認められています。このようにワインは、食前酒や食中酒、さらに食後酒として飲んでも、消化を助けてくれる働きがあるのです。

ワインと料理のマリアージュ

ワインは、食事中に飲むことで食べた味を洗い流したり、調和させたりして、料理の味を引き立てます。こうした料理とワインの組み合わせをマリアージュといいます。つまり結婚を意味し、一般的には飲と食の両者が混然一体となり、幸せな気持ちになることをいいます。しかし、相性が悪い結婚もあります。

悪いマリアージュの例として、ワインを飲んだ時に生臭さが増す組み合わせがあります。例えば赤ワインと魚料理のマリアージュは、相性が悪く美味しくありません。赤ワインで魚料理を食べると生臭さが増すのです。そのメカニズムはどうなっているのでしょうか？

　まず、魚介類の脂質には、ドコサヘキサエン酸（ＤＨＡ）やエイコサペンタエン酸（ＥＰＡ）などの脂質（不飽和脂肪酸）が含まれています。これらはイワシやニシンなどの「青魚」に多く含まれている脂質で、化学的な呼び名から、「オメガ３脂肪酸」とも呼ばれています。ＤＨＡとＥＰＡは血液サラサラ成分で、血の巡りをサポートするという共通の作用がありますが、作用する個所には違いがあります。また、悪玉コレステロールや中性脂肪酸を減少させる働きがあり、生活習慣病予防にも役立ちます。

　ＤＨＡは血管を柔らかくしてくれるため、血管が広がりやすくなり、血液の流れがよくなる働きがあります。また、脳神経を活性化して脳の機能をサポートすることが期待されています。

　ＥＰＡの血液をサラサラにする働きは、血管内に血栓ができるのを防ぎ、血液の流れをスムーズにし、また肥満予防につながる消化管ホルモンの分泌を促す働きもあります。

ドコサヘキサエン酸（DHA）とエイコサペンタエン酸（EPA）の機能

赤ワインと魚介類が合わない理由

この2つの脂肪酸は健康に良い脂質ですが、容易に酸化しやすく、過酸化脂質へ変化してしまいます。過酸化脂質と赤ワインのタンニンと結合している鉄イオンが反応すると生臭み成分の（E,Z）-2,4-ヘプタジエナールが生成されます。赤ワインと魚介類を一緒に摂った時に生臭さを感じるのはこのためで、魚の中でも天日干しの干物などは、過酸化脂質が多くより生臭く感じます。

一方、白ワインは含まれるタンニンが少ないため鉄分も少なくなります。魚料理には、白ワインが好まれるのはそのためです。日本と同じように、ニシンやイワシなど青魚などの魚介類をよく食べるイタリアでは、レモン汁を加えて調理したり、レモンと一緒に食べたりします。これはレモンに含まれるクエン酸が、鉄イオンを包み込む作用があるためです。これを化学的にはキレート作用といいます。レモンのクエン酸によるキレート作用によって、魚料理の過酸化脂質と反応する鉄イオンを反応しないよう包み込んでしまうのです。また、オリーブオイルやバターなどの油脂を加えて調理することで、鉄イオンとの接触を阻止し、発生する生臭みを抑えてくれるともいわれます。白ワインに合わせて生牡蠣にレモンを搾ったり、オリーブオイルをかけたりするのは、理にかなっているともいえます。

ワインと食事の組み合わせの法則

ここではよいマリアージュを完成するための6つの法則を説明します。

1つ目はワインと料理の濃さ、つまりボディを「同じ方向性で合わせる」です。ワインのボディであるコクや力強さ、重み、渋味と、料理の油っぽさや味の濃さを

「濃いものは濃いもの」同士になるように合わせるのです。次のような組み合わせになります。

「こってり濃厚な料理」×「フル・ボディ（濃い味）のワイン」

「あっさりした料理」×「（味の）軽めのワイン」

「甘いもの（スイーツ）」×「甘口ワイン」

2つ目は「共通する香り同士で合わせる」。料理とワインに共通する風味（香り）を見つけるとより細かいマリアージュを楽しむことができます。例えば「焼き目の香ばしい料理（燻製）」×「樽香の強いワイン」。樽は内部を焦がしているので共通の香りがあります。

「ハーブを使った料理」×「ハーブの香りがするワイン」

「黒コショウを加えた料理」×「黒コショウのようなスパイシーな香りのワイン」

3つ目として「色で合わせる」があります。ワインには赤、白、ロゼとありますが、赤ワインにも、色の濃いもの薄いものがあります。白ワインもフレッシュなワインは、薄い黄色で、熟成させると濃い黄色のワインになります。そこでワインを料理の色に合わせるのです。

「色の濃い熟成したワイン」×「茶色のお肉を煮込んだ料理」

「濃い熟成した白ワイン」×「クリーム色～黄色の料理」

「黄緑に近い淡いイエローのワイン」×「緑色の料理（ハーブなどを多用）」

「明るい赤のワイン」×「赤色の料理（トマトを利用）」

風土に根ざした料理とワインは相性がよい

4つ目は「国や地方を合わせる」。風土に根ざした料理とワインは相性がよいのです。

「ブッフ・ブルギニョン」×「ブルゴーニュ・ワイン」

「イタリア料理」×「イタリアワイン」

「ピッツア・マルゲリータ」×「イタリア・カンパーニャ州（ナポリ）のワイン」

5つ目は「味の反対方向で合わせる」。甘いお菓子と塩辛いスナック菓子を交互に食べると無限に食べられるような気がします。これと同じように、口の中がすっきりすることで、ずっと飲んで食べていられます。

「塩気の強いブルーチーズ」×「貴腐ワイン」

「スパイシーで辛い料理」×「甘口ワイン」

ただし、スイーツに辛口ワインを合わせてしまうと、ワインの酸味が強調されてしまうため、同じ方向性のものと合わせましょう。スイーツには甘いワインがマッチします。

6つ目は「価格を合わせる」。1つ目で紹介した方向性と同じですが、高級ワインには高級食材やワインが合うということです。安価な食材に高級ワインや廉価なワインが必ず合わないというわけではありませんが、自宅やレストランなど食事をするシーンの関係などもあります。

「高級牛肉料理」×「高級赤ワイン」

「高級魚介（アマダイや牡蠣）料理」×「高級白ワイン」

これはあくまでも類型的なものです。とらわれすぎずいいマリアージュを楽しんでください。

肉を柔らかくするワイン

ワインは飲料としても調理用としても用いられています。もちろん、1本数万円するようなものは調理には用いません。しかし、フランス料理には古くから、「ワイン煮」「ワインソース」「ワイン蒸し」など、ワインが使用されている料理がたくさんあります。

歴史をみると紀元前6～5世紀頃の古代ギリシャ全盛期時代には調味料として、ワイン（ブドウ酒）が使われていました。また、ローマ帝政時代には、ワインと魚醤のガラムを混ぜた調味料が使われていました。中世末期の14～15世紀には魚・肉料理として、魚のワイン煮や子牛の肉や兎肉をタマネギ、潰した杏仁《あんにん》、ブイヨン、ラードをワインと一緒に炒めたものなどがつくられていました。このようにワインは、古代ギリシャから古代ローマ、中世ヨーロッパを通じて、肉などの調味料として使用されてきました。ところでワインを調味料とした場合、具材にどのような影響があるのでしょうか。

ワイン料理では、肉をワインに漬け込む、いわゆるマリネの影響について詳しく調べられています。まず、一般的なワインは、乳酸や酒石酸、リンゴ酸、コハク酸などの有機酸が多く含まれています。ワインに肉を漬け込むとワインが肉の組織内に入り込み、水分で組織が膨れるために柔らかくなります。さらにワインが組織内に入り込むと、ワインの有機酸の影響で肉の組織のpHが下がります。そうなると酸性下でよく働く、筋肉の細胞内のカテプシンDというタンパク質分解酵素が活性化されます。筋肉の繊維タンパク質が分解されて、熱によって固まりにくくなり、柔らかくなるのです。

乳酸と肉の柔らかさの新たな発見

赤ワインには、ポリフェノールが多く含まれ、特に渋味を持つタンニンはタンパク質のミオシンなど、肉の組織と複合体を形成します。これによって肉汁の放出が防止されますが、その分、渋味によって肉表面が硬化してしまいます。

白ワインはタンニンが赤ワインに比べて少なく、肉表面が硬くなり過ぎない傾向にあります。筋肉繊維は60℃を超えると、繊維タンパク質が熱変性するため、徐々に肉は固くなり、収縮していきます。さらに近年、有機酸の中で、肉の柔らかさに関与する有機酸が特定されました。

それが「乳酸」です。

乳酸の水溶液に肉を浸漬させたものと、酒石酸などの有機酸水溶液や水に浸漬させたもので、肉の柔らかさを比べたところ。乳酸の溶液に浸した肉の方が柔らかくなりました。同じ効果は肉をワインにマリネすることで得られますが、さらなる軟化を目的とするならば、ヨーグルトなどをワインに添加し、乳酸量を上げてマリネするとより効果的かもしれません。

人気牛丼店のタレにワイン!?

人気の牛丼チェーン「吉野家」はタレにこだわりがあり、ホームページでは「吉野家のタレは、白ワインをベースにした発酵調味料を用いてつくられています」と明言されています。

吉野家の発祥は、1899年（明治32年）東京・日本橋です。創業者・松田栄吉が大阪府西成郡野田村字吉野の出身だったことから屋号に「吉野」を入れて吉野家になったといわれています。当時、日本橋にあった魚市場・魚河岸で働く職人たちをターゲットにしていました。魚市場・魚河岸の仕事は重労働で、食事の時間も朝が早く、不規則です。１９６０年代の吉野家のキャッチフレーズ「はやい、うまい、やすい」。高価だった牛肉とごはんをなんと、有田焼の丼で提供したこともあり、大好評を博しました。その後、関東大震災により魚市場は崩壊。１９２６年に魚市場は築地へ移転。吉野家も築地へ移転することとなりました。１９５８年には、株式会社吉野家が誕生し、約10年で２００店舗を突破しています。

タレのレシピは極秘？

タレの美味しさの秘訣は、一つには前に使っていたタレに継ぎ足しすることです。古くからのタレには煮込んだ肉の旨味や玉ねぎの甘味が溶け出していて、そこに継ぎ足しをすることで、店独自のまろやかな味わいになるのです。ですから店舗によって微妙に美味しさが異なるかもしれません。

牛肉の美味しさにも秘密があり、使用するのはアメリカ産の穀物肥育牛のばら肉です。2003年のBSE（牛海綿状脳症）問題により、アメリカ合衆国からの輸入が停止されると「アメリカ産の牛肉でなければ吉野家の牛丼の味が出せない」と牛丼の販売を休止しました。

ホームページでふれている通り、吉野家の牛肉は白ワインを使って調理されています。ワイン中の有機酸が肉の中に浸透し、じっくり加熱されることで、肉の筋肉細胞内のカテプシンDというタンパク質分解酵素が活性化されます。さらに肉の繊維にワイン入りのタレが入り込むことで、筋肉繊維がほぐれやすくなり、柔らかくなるのです。

料亭で働いていた創業者・松田栄吉は、最初は日本酒でタレをつくっていたかもしれませんが、日本酒は有機酸量が少ないため肉を柔らかくする鍵となるカテプシンDの効果は低かったに違いありません。

ワインとグラス

ワイングラスは、古代ローマ時代にはすでに存在していたといわれます。ワイングラスは、通常のコップなどと形が違い、ワインを注ぐボウルとボウルを支えるステム（脚）、グラスを支え、ステムと結合しているフット（プレート・台）からなっています。このようなワイングラスのデザインは、教会などで使われた金属製の聖杯、チャリスやゴブレットなどに由来していると考えられています。

現在のようなガラス製のワイングラスは、1400年頃にイタリアのヴェニス（ベニス）でつくられ始めたといわれます。それまでのガラスは、ソーダ石灰などの添加物を加えた、「濁った」ものでした。一方、ヴェニスでつくられたワイングラスは、透明度の高いワイングラスでしたが、添加物が少なかったため強度は低かったようです。

透明で強度もあるガラス製のワイングラスがつくられるようになったのは、1673年代にイギリスのレイヴンズクロフト（George Ravenscroft）によって、酸化鉛を加えることでより美しく輝きを増す、いわゆる鉛クリスタルガラスが開発されてからです。ただし、現在は健康上のリスクがあるため、酸化鉛の代わりに酸化バリウム、酸化亜鉛、または酸化カリウムが使用されています。

舌の位置で味の感じ方が異なる?

ところでワイングラスは、飲むワインの種類によって形状が異なります。大手のグラスメーカーでは、産地ごとにワイングラスの種類を分けています。グラスメーカーでは、古くから「舌の位置で味の感じ方が違う」という理論からグラスの形状を変えています。なかでもオーストリアのリーデル社は、グラスの開発でボウル部分を傾けた時にワインが流れる勢いまでも研究しています。

赤ワインを飲むときのグラスは、一般的にはボウルが大きめです。理由の一つは、ボウルが大きいと、赤ワインが酸素と接触する面積が大きくなるためです。赤ワインは渋いタンニンや有機酸が多く酸っぱいものです。しかし、空気にたくさん触れさせてタンニンを酸化させることでマイルドになります。また有機酸も同様に空気に晒《さら》されることでマイルドになります。さらに空気に触れることで、熟成中に眠っていた香りが呼び起こされ、より芳醇なブドウの味わいを楽しむことができます。一般的にボルドー用のグラスは、ボウル部分が狭く、リム（口の部分）は広めで空気との接触面積が大きく、一般的なワイングラスよりも少し大きめにつくられています。そのため、香りの強い赤ワインに向いています。ブルゴーニュ地方産のワイン用のグラスは、ボウルの部分が広くリムがすぼまっているのが特徴で、繊細で華やかな香りを中に滞留させ、ゆっくり堪能できるようにつくられているといわれています。ブルゴーニュで栽培されているブドウ品種ピノ・ノワールの赤ワインの芳醇な香りを引き出してくれます。

女性の喉もとを美しく見せるために

ブルゴーニュの白ワインの最高峰ともいわれる「モンラッシェ」を冠したグラスもあります。ボウル部分は、カーブが緩やかな丸みを帯びた形状になっています。ワインが口に流れ込みやすく、舌全体で味わうことができるため、熟成が進み、酸味が少なく、コクのある香りの「モンラッシェ」に向いています。

さらにシャンパーニュ用の縦に細長い『フルート型』と呼ばれるグラスは、炭酸が抜けにくいのが特徴です。液表面が小さく、発泡を抑えて急速に炭酸が抜けていってしまうのを防ぎます。逆に、炭酸を抜けやすくしたのがクープ型のグラスで、日本では結婚式などでスパークリング・ワインの乾杯でよく使われます。このグラスは浅く広口の椀型をしたもので、シャンパン・マドラーでかき回すことで炭酸を抜いて飲みます。17世紀頃の貴婦人は、ウエストをキュッと絞ったドレスを着ていたので、お腹周りがきつくならないようにガスを抜いて飲んでいたのでしょう。また、普通のグラスでは、顎を上げなければ飲めません。しかし、クープ型のグラスなら顎を上げなくても飲め、首のシワを隠すことができたという説もあります。顎を上げずにシャンパンを飲めるので、女性の喉もとを美しく見せるのは確かです。

このグラスの形状は、フランス国王ルイ15世の公妾であったポンパドゥール夫人の乳房をかたどっているともいわれますが、実際にクープ型グラスが開発されたのは17世紀中頃のイングランドですから確認のしようがありません。このようにワイ

ワイングラス５種

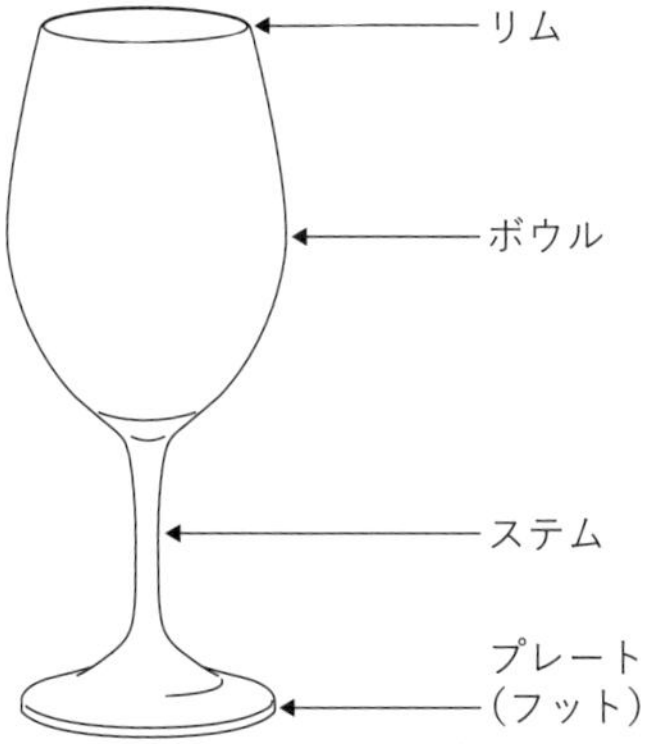

ワイングラス部位別名称

ングラスは、美味しく飲むために様々な工夫がなされています。ワインに合わせて、ぴったりのワイングラスを選ぶと味わいも上がってくることでしょう。

ワインと温度

美味しいワインを飲むには、それぞれのワインに合った飲みごろの温度がありま す。

渋味のある赤ワインは、18～20℃の温度で飲むと、渋味がまろやかになります。特に、カベルネ・ソーヴィニヨンやメルローのような高級ワインはこの温度で美味しく飲むことができます。ピノ・ノワールは、やわらかな渋味の赤ワインなので、少し温度を低くして15～17℃で飲むのがよいでしょう。ガメイなどの軽めで、渋味が少ない赤ワインであれば、12℃と低めの温度にすることで美味しく飲めます。

次に白ワインの飲みごろの温度は、赤ワインより低めです。熟成をさせた重めの白ワインは10～12℃程度で飲むと美味しく飲むことができます。また、軽めのフルーティーな味わいのものは7～9℃が美味しく飲むことができます。甘口の白ワインは、4～6℃と低めにした方が、甘味がほどよく抑えられ美味しく感じられます。

スパークリング・ワインは、5～8℃の低い温度で冷やすと、泡が抜けにくく、美味しく飲むことができます。逆に辛口（ブリュット）のシャンパーニュはやや高めの温度にするのがよいでしょう。セック（中甘口）やドゥー（極甘口）などの甘口のシャンパーニュはもう少し低めの温度にするとよいでしょう。

乳酸と温度の関係　温度で味が変わる

このような温度による味わいの違いには成分が関係します。まず赤ワインでは、糖の甘味はほとんどなく、味の中心は、タンニンの渋味と有機酸の酸味になります。高級な赤ワインの場合には、タンニンが多く渋くなりますが、冷やすと渋味が増します。タンニンは温度が下がると可溶性が低くなり、唾液や口内の粘膜タンパク質に結合して、渋く感じるためです。

また、高級ワインでは、マロラクティック発酵過程で、乳酸が多くなっています。乳酸は、比較的高い温度で美味しく味わうことのできる有機酸です。そのため、室温よりやや高い温度で味わうと美味しく感じられるのです。赤ワインでもタンニンが少なく、マロラクティック発酵していないワインは、酒石酸やリンゴ酸が多く酸味が「キリリ」として、酸味が強いものです。これら酸は乳酸と異なり、冷やすことで酸味が爽やかに感じられるので、美味しく飲めるのです。

一方、白ワインの場合は、赤ワインとは異なり、タンニンの渋さは少なく、味の基本となるのは糖の甘味と有機酸の酸味になります。マロラクティック発酵過程で、乳酸が多くなっている高級白ワインは、比較的高めの温度で飲むと美味しく飲むことができます。糖はぬるい温度では強く感じます。また、酒石酸やリンゴ酸などもぬるい温度では強く感じます。そのため、甘味があり、酸も多いフレッシュなワインは、冷やして飲むと美味しく飲めます。

貴腐ワインや甘口のスパークリング・ワインも、ぬるい温度では酸味も甘味も強く感じるので、温度を低くするとすっきり、爽やかな味わいとなります。

目的の温度で飲むのは簡単ではないので、ワインの温度が高い時は、氷を入れたワインクーラーで冷やすか、冷やし過ぎた場合は、手でグラスを温めて、少し温度を上げてみるといいでしょう。

レストランのソムリエの仕事

ソムリエとは、お客さんがレストランで注文した料理に合うワインを選ぶための手助けをして、さらにワイン専門の給仕もしてくれ、満足できる食事を提供してくれる人もいます。つまり、アルコール飲料を提供する飲食サービス業従事者です。フランス、イタリアではソムリエの国家資格がある一方で、日本には国家資格はなく、民間資格の日本ソムリエ協会（ＪＳＡ）が認定する「ソムリエ」があり、ワインのプロフェッショナルです。ワイン以外の、様々な分野でも「ソムリエ」という呼称が使われています。例を挙げれば「野菜ソムリエ」、「日本酒ソムリエ」、「焼酎ソムリエ」、「発酵食品ソムリエ」、「茶ソムリエ」、「コーヒーソムリエ」、「紅茶ソムリエ」、「オリーブオイルソムリエ」、「ハーブソムリエ」、「だしソムリエ」、「シガーソムリエ」、「温泉ソムリエ」などです（「発酵食品ソムリエ」を取得希望の方は、発酵文化推進機構のホームページで確認してください）。

ソムリエの発祥は、中世ヨーロッパまでさかのぼります。王の飲食物管理や毒味役を担った食事係が管理していた食品運搬用荷車をソムリエ（Sommieler）といい、これを扱う人ということで、ソムリエと呼ばれるようになったのです。

また、19世紀のフランスでは、初期のソムリエ（この当時はレストランのワイン担当というべきかもしれない）が、レストランのワインカーブ（地下ワイン貯蔵庫）にあるワイン樽からビン詰め作業を行っていたとされます。1907年にパリ・ソムリエ組合が誕生し、800名程度在籍したとされます。しかし、ワイナリーでのビン詰めが主流になると、ソムリエの仕事であったカーブでのビン詰め作業が不要になり、現在のようなサービス主体の職になったといわれます。

上級執事のバトラーがワインを管理

古くからイギリスの貴族の屋敷においては、上級執事のバトラーがワインを管理していました。バトラーは、もともと酒ビンを扱う者の意味で、酒類・食器を管理して給仕するのが仕事です。そのためにワインに関する知識も不可欠でした。またバトラーは、主人の代わりに使用人全体を統括し、使用人の雇用と解雇に関する権限も持っていました。さらに、バトラーやソムリエは、古くからよいワインの選び方やワインと健康にも精通していたといわれます。

南イタリアのカンパーニャ州にあるサレルノ医学校で使われた「衛生学」の教科書『サレルノ養生訓』ではワイン選びについても書かれていました。また、「ワインは少しずつ、飲むべきである」というように、飲み方にまで言及していました。

ノルマンディー公ロベール2世は、十字軍遠征のときにサレルノ医学校へ立ち寄り、名高い医学校の医師たちに助言を求めました。サレルノ医学校からの献辞には以下のことが記載されています。「もしあなたがつつがなく健康に暮らしたいと望むなら深刻な悩みは捨て去りなさい。怒りは冒とく行為とお考えください。ワインはほどほどに、夕食は控え目に。晩餐の後では立ち上がるのも悪くはありません。午睡（ひるね）は避けなさい」などと記載されています。

かつてのバトラーやソムリエは、公衆衛生や主人の健康管理なども行ってくれましたが、現在では楽しい飲み方のアドバイスを行ってくれる存在なのです。

6　ワインに関する名言

「良い食事と良いワイン、
そこは地球上の現生《げんしょう》の極楽」

フランス王アンリ4世

アンリ4世は、フランス王国が輝いていたルイ14世（太陽王）や激動のフランス革命で断頭台に散ったルイ16世に続く、ブルボン王朝の初代フランス国王です。生まれるとすぐに、精神と肉体が強くなるようにと、アンリが生まれたフランス南西部の南側に広がる産地ジュランソンのワインを数滴飲ませたというい伝えがあります。

さらに、アンリ4世が洗礼を受けた時もジュランソンのワインを飲んだといわれ、そのためジュランソンは「王のワイン」と呼ばれるようになりました。ちなみにジュランソンは、スペインとフランスの国境であるピレネー山脈のふもとに位置するワイン産地です。

アンリ4世が生きた時代は戦乱が多く、子供の頃から親しんでいた「良い食事と良いワイン」に極楽を求めたのかもしれません。アンリ4世の大きな功績は、ユグノー戦争という40年続いた宗教戦争を終結させたことです。在位中から現代に至るまでフランス国民の間で人気の高い王の一人で、「大アンリ」と呼ばれ、かつてフランス国内で流通していた50フラン紙幣に肖像が描かれていました。

アンリ4世とユグノー戦争の顛末

16世紀にドイツで起きた宗教改革はフランスにも及び、カトリックとプロテスタントが対立し、戦争に発展しました。この時、カトリックはプロテスタントを蔑称で呼び（イギリスでは「ピューリタン（puritan）」、フランスでは「ユグノー（huguenot）」と呼ばれ、「ユグノー戦争」と命名されました。もともとフランスではプロテスタントのジャン・カルヴァンが宗教改革において影響力を持ち、彼の信徒はカルヴァン派と呼ばれました。

ユグノー戦争は休戦を挟みながら40年近くも続き、フランス貴族も巻き込まれました。大きな戦争に発展した発端の一つには、カトリック教徒がプロテスタント教徒（ユグノー派）を大量虐殺した『サン・バルテルミの虐殺』が挙げられます。ちなみにアンリ4世はブルボン家出身で、プロテスタント教徒でした。

アンリ4世は1598年にナントの勅令を発布して国内融和に努め、ユグノー戦争を終結させました。しかし、真の和平とはならず、アンリ4世もカトリック教徒に暗殺されてしまいました。

ユグノー派の移民が南アフリカのワインづくりに貢献

プロテスタント教徒であるユグノー派の多くはドイツ、オランダ、イングランドなどの国外に移住することとなりました。その中でワイン醸造のスキルを持った150人前後が南アフリカのケープ地方に移民しました。彼らはワインづくりの発展に大きく貢献し、現在も南アフリカのワインづくりは、ユグノーの子孫たちによって支えられているようです。南アフリカは、2000年以降にワイン生産量が世界10位前後で推移している世界屈指のワイン生産国となっています。

「シャンパーニュは勝利の時に飲む価値があり、
敗北の時には飲む必要がある」

ナポレオン1世

これはフランスの軍人で革命家のナポレオン・ボナパルト（ナポレオン1世）の言葉です。偉人とワインでも紹介したように、ナポレオン1世にはワインに関する逸話が多くあります。ナポレオンは、シャンベルタンやシャンパーニュが好きで、戦地に赴くたびにシャンパーニュ生産者を軍属として遠征先に同行させたこともありました。特にモエ・エ・シャンドンの3代目ジャン・レミー・モエとは旧友で、戦地へ赴く際にモエ家に立ち寄り、シャンパーニュで勝利を誓ったといいます。

ナポレオン・ボナパルト
（ナポレオン1世）

シャンパン・ファイトの起源

現代でもシャンパーニュは勝利の酒として認識され、自動車レースのF1で優勝した時に表彰台に上った選手、チーム同士が、シャンパンなどをかけあって喜びを表現する、いわゆるシャンパン・ファイト（シャンパン・シャワー）を見ることができます。プロ野球の優勝時におけるビールかけや、ＮＢＡバスケットボールやＮＦＬアメリカンフットボールのリーグ優勝時にスポーツドリンクをかけるのもこの一種です。シャンパン・ファイトの起源は、やはりナポレオンで、戦勝記念にシャンパーニュかけを行ったのが始まりといわれます。

ちなみにスポーツで初めてシャンパン・ファイトを行ったのはＦ１とされ、１９５０年のフランスＧＰにおいて地元企業のモエ・エ・シャンドンが、優勝したアルゼンチン人にシャンパンボトルを差し出したことがきっかけといわれます。偶然にもナポレオンと関係が深いモエ・エ・シャンドンが使われました。１９９９年までは、モエ・エ・シャンドンが公式サプライヤーを務めていましたが、21世紀に入るとシャンパーニュメーカーのマム・コルドン・ルージュに替わりました。２０１６年以降はモエ・エ・シャンドンに戻りましたが、オーストラリア製が使われているそうです。

シャンパン・ファイト

シャンパーニュで兵のモチベーションをアップ

ところで、ナポレオンの戦いの勝率は9割以上で、38戦35勝と驚異的です。強さの秘密として、フランス軍の兵はフランス革命によって王の支配から脱しようとした国民革命軍だったため、士気が高いこと、徴兵制で人数も多かったこと、ナポレオンの天才的な作戦立案能力などが挙げられますが、ナポレオンが準備した上質なワインやシャンパーニュによる兵のモチベーションの「アゲアゲ作戦」も有効だったようです。

しかし、常勝軍団にも陰りが見られま

す。1815年の「ワーテルローの戦い」は、ナポレオン最後の戦いとなりました。イギリス、オランダ、プロイセンの連合軍に大敗してセントヘレナ島へ流されました。大敗を喫した原因は「シャンベルタンやシャンパーニュを飲まなかったから」ともいわれています。

戦後補償の一環でシャンパーニュは、搾取の対象となり、モエ・エ・シャンドンは60万本ものシャンパーニュを奪われたといわれます。流刑になったナポレオンは、シャンパーニュで慰められることもなかったようです。

また、デザイナーのココ・シャネルは「私は二つの時にしかシャンパーニュを飲まない。恋をしている時と、してない時」といっています。ココ・シャネルの場合「失恋の時」といわないのは、「ナポレオン以上の勝率」だったからなのかもしれません。

「一本のワインのボトルの中には、
すべての書物にある以上の哲学が存在する」

ルイ・パスツール

これは、ワインに関わる多くの研究を行ったパスツールだからこそいえる言葉です。

フランスの生物学者・化学者で、細菌学と微生物学の創始者といわれるルイ・パスツール。偉大な科学者で、業績は非常に幅広く、微生物や化学、生物学と医学にまで及んでいます。２０１５年には、パスツールの業績を後世に残すために著述などがユネスコ記憶遺産に登録されました。

パスツールがワインを美味しくした

パスツールのワインに関する研究としては、まずワインの澱《おり》の研究が挙げられます。ワインの澱中の酒石酸塩のキラキラした結晶から、光学異性体の存在を発見しました。

また、パスツールは「白鳥の首（スワンネック）フラスコ」（いわゆるパスツールビン）を使って、外からチリや微生物が入らないようにし、煮沸《しゃふつ》して滅菌しました。その結果、フラスコの中の肉汁は腐敗しないことを発見し、微生物の自然発生説を否定して、微生物は自然発生するのではなく外界から混入することを証明したのです。つまり「生命は生命からのみ生まれる」という説を証明したのです。

さらにパスツールは、ワインのアルコール発酵が酵母の働きによることを解明しました。酵母の発酵は酸素がない条件（嫌気条件）で起き、酸素がある条件（好気条件）では、動物と同じように呼吸してアルコールをつくらないことを解明しました。現在これは「パスツール効果」と呼ばれています。さらにワインのアルコールが酸化して酢になるメカニズム（酢酸発酵）を明らかにし、酢酸発酵が酢酸菌の働きによることも解明しました。

パスツールがいなかったら、「ワイン」はここまで美味しくならなかったといっても過言ではありません。

パスツールが開発した低温殺菌法

パスツールの業績を語るうえでなんといっても欠かせないのが、ワインが腐るのを防ぐ低温殺菌法の開発です。沸騰する温度で加熱すれば菌が死ぬのはわかっていましたが、それではワインは熱変敗《ねつへんぱい》します。そこでパスツールは60℃程度で数十分間加熱して、ワインを腐らせる細菌やカビなどの微生物を殺菌する方法を考案しました。温度が低いので「低温殺菌法」と名付けられ、現在では、ワインだけでなく牛乳やほかの食品にも用いられています。また、この低温殺菌法は「パスツリゼーション」あるいは「パスチャライゼーション」ともいい、もちろん語源はパスツールに由来しています。

ルイ・パスツール（Louis Pasteur）

パスツールは、ワイン以外にも医学に関する研究も行っていました。スコットランドの外科医ジョゼフ・リスターは、術後の創傷の化膿は細菌によることを突き止め、パスツールの助言に基づいて手術器具などを消毒する方法を開発しました。さらにパスツールは、弱毒化した微生物を接種することで免疫が得られることを発見し、狂犬病のワクチンも開発しました。

多くの研究をしたパスツールですが、その中でもワインについての研究は、哲学書以上により深い知識が詰まっていたと考えたのでしょう。

「真理の発見はワインを飲み過ぎても駄目だが、
飲まなくても駄目」

ブレーズ・パスカル

これは、フランスの哲学者で物理学者、思想家、数学者、キリスト教神学者、発明家、実業家であるブレーズ・パスカルの言葉です。

パスカルは、誰もが耳にしたことがある「人間は考える葦である」という言葉を残しましたが、数学者、物理学者として「パスカルの定理」や「パスカルの原理」などの法則を証明しました。

パスカルは、子供の頃からすでに天才だったといわれ、10歳を前にして三角形の内角の和が180度であることや、1からnまでの和が(1+n)n/2であることを証明しました。ちなみに、1+2+……9+10=55は、パスカルの計算法では(1+10)×10/2=55となります。気になる方は試してみてください。

また、パスカルは物理学者としても活躍し、圧力の単位であるパスカル「Pa」は、パスカルの名前からとられました。天気予報で「台風の中心は○○ヘクトパスカル」と表現しているのは、この単位です。ヘクトとは100倍という意味で、1000ヘクトパスカルは、100000パスカル、つまり約1気圧を意味します。

パスカルは23歳の頃に「人間の罪深さ」に目覚め、人間はどう生きるべきかなど、宗教や哲学的な深い思索にふけりました。数学的あるいは物理学的な証明もかなり難しいものですが、人の生き方はもっと難しいかもしれません。

酒宴「シュンポシオン」で真理を追究

もともとギリシャ哲学では、飲みながら議論し真理に至る方法が行われていました。古代ギリシャの哲学者のプラトンやその師ソクラテスも、ワインを飲みながら真理を導きました。

古代ギリシャでは、正式な酒宴を「シュンポシオン」といい、現在のシンポジウム（討論会）の語源となりました。シュンポシオンは、ワインの杯を傾けながら、高尚な哲学から日常雑事の問題まで、ありとあらゆる話題を取り上げて語り合います。冒頭の発言をみると、パスカルは古代ギリシャ哲学に従い、シュンポシオンの中で真理を見つけようとしたのかもしれません。この当時のワインは、通常水で割ったものでした。長時間飲み続けるので、乱痴気騒ぎ、けんかなどになる場合もあり、パスカルのいう「飲み過ぎても駄目」な部分もありました。

プラトンは、シュンポシオンは「一つの問題について、二人以上の講演者が異なった面から意見を述べ、討論および議論を行う形式」と述べており、ワインを飲みながら行う以外は現代のシンポジウム（討論会）と同じようです。

パスカルにしてもソクラテスにしてもプラトンにしても、哲学的な真理に近づくにはワインが必要だったのかもしれません。

ブレーズ・パスカル
(Blaise Pascal)

「ワインは自然の本来の姿、
あるべき姿としての提示された芸術」
アリストテレス

古代ギリシャの哲学者アリストテレスの言葉です。アリストテレスは、プラトンの弟子で、偉大な哲学者ですが、同時に現代の学問・思想の基礎を築き、「万学の祖」と呼ばれます。アリストテレスは、科学的な探求全搬を目指しました。特に動物に関する体系的な研究は、当時の世界では類をみないほどでした。

アリストテレスは、ソクラテスやプラトンと同時代のギリシャ人なので、前出のように「シュンポシオン」を開きながら討論を行っていたことでしょう。

アリストテレスの言葉には「ワインは、人間の自然の本来の姿やあるべき姿を提示させるもの」という意味合いがあったに違いありません。ラテン語の慣用句・諺に、「In vino veritas」（イン・ウィーノー・ウェーリタース）という言葉がありまず。直訳すると「酒の中に真実がある」、つまり「酒に酔えば人は本音や欲望を表に出す」という意味です。

ワインにはアルコールが含まれており、血液中のアルコール濃度に応じて人は「酔い」ます。少量の飲酒、つまり血液中のアルコールの濃度が低ければ、脳の機能は活発になり、本音が出たり、不安感を減らして、陶酔感をもたらしたりします。適度なアルコールは他人とのコミュニケーションの潤滑剤として働くため「シュンポシオン」時には議論が活発になるのです。

酔った人の倒れ方まで研究したアリストテレス

アリストテレスは、ワインやビールを飲んで酔った人を観察し、研究しました。ワインを飲んで潰れると、様々な方向に倒れ込みますが、ビールを飲んで転ぶ人は必ず後ろに倒れ込むことを発見しました。理由はなぜかわかりませんが、面白い発見です。

また、アリストテレスは、物質は火、空気、水、土の4つの元素から構成されると提唱しています。つまり「4元素」から成り立っていて、当時、4元素の配合を金と同じに変化させ、「熱・冷」や「湿・乾」の操作をすることができれば、「金」を作りだすことができると考えました。

アリストテレスはすでに蒸留技術を利用して、海水から水部分を取り出すことで、真水を作り出すことを見出していました。つまり、当時、ワインは水と土の2

つの要素でできていると考えられていました。蒸留することによって、水の要素だけを分離して、白ワインのなかに入っている黄金に輝く「土」の要素だけ、つまり「金」だけを残そうとしたのです。アリストテレスは、実際には「金」を取り出すことはできませんでしたが、金の副産物？として、蒸留酒を作ったという記録が残されています。

アリストテレスは、蒸留技術を利用して海水から真水をつくり出す方法を見出し、蒸留酒をつくったという記録が残されています。蒸留技術は、アレキサンダー大王の征服戦争によって、世界各地に広められることになりました。その後、中世の錬金術師たちにより技術改良され、蒸留酒の発展へとつながっていきます。当時は蒸留酒という認識はなかったようですが、蒸留酒で潰れるとどっちに倒れ込むのでしょうかね。

「一本のワインは交響曲、一杯のグラスワインはメロディのようなものだ」

フィリップ・ド・ロッチルド

フィリップ・ド・ロッチルドはフランスのワイン製造業者です。1978年にロバート・モンダビーとともに、カリフォルニア州ナパ郡オークビルにボルドー風のブレンドワインをつくるワイナリー「オーパス・ワン・ワイナリー」を開設しました。そのときに発せられた言葉です。

音楽にちなんだワインのネーミング

オーパス・ワンは作品番号1番の意味で、フィリップが命名しました。ラベルにはモンダビーとロッチルドの2人の横顔とサインが書かれており、両人の横顔が右向きと左向きになっています。カベルネ・ソーヴィニヨンを主体として、メルローなどをブレンドしたフル・ボディの高品質・高級ワインです。ちなみに、若いブドウの木や規格に合わないブドウなどからつくられたワインは、セカンドワインといいます。オーパス・ワン・ワイナリーでは音楽用語で「序曲」を意味する「オーバーチャー」と命名しています。なんとセンスのいいネーミングでしょう。

フィリップが生まれたロスチャイルド家はフランクフルト出身のユダヤ系一族

で、マイアー・アムシェル・ロッチルドが1760年代に銀行業を確立したことによって繁栄しました。彼はロンドン、パリ、フランクフルト、ウィーン、ナポリの5ヵ所に5人の息子を配置して、国際的な銀行業を確立しました。一族は貴族階級にまで昇格したことから、フィリップはバロン（男爵）という称号で呼ばれることがあります。

フィリップは、パリ・ロッチルド家の分家の一人で、第1次大戦中に兄姉とともにボルドーに疎開した際に、祖母テレーゼの所有するメドックにあるシャトー・ムートンのブドウ園を見学し、その牧歌的な光景に心惹かれたといわれます。その後、フィリップはシャトー・ムートンが荒廃し始めていることに気づき、父アンリにシャトー（ワイナリー）救済の必要性を訴えたとされます。アンリは改善のためフィリップに経営を任せました。従業員はオーナーが直接来て経営することに不安や反感を持っていましたが、1922年に着任したフィリップは、従業員との意見交換などを通して交流を深め、信頼を得ていきます。

一流画家の絵をワインラベルに

また、フィリップはそれまでワインの業界では、当然の慣習であった酒商にワイン樽を渡し、熟成とビン詰め作業を委託することを止め、生産者がビン詰めまで行う元詰め方式に変更しました。その結果、売り上げは徐々に伸びていきました。さらにラベルに有名な画家の絵を付けることを思いつき、友人だったキュービズム派の画家ジャン・カルリュにデザインを頼んでワインラベルにしようとしましたが、若干時期尚早だったようで、ワイン商などの反対により断念しました。しかし、1945年になってようやく実現、毎年異なる有名画家の絵がラベルを飾ることとなりました。例えば、ダリ（1958年）、セザール（1967年）、シャガール（1970年）、ピカソ（1973年）、タピエス（1995年）、ベーコン（1990年）、バルテュス（1993年）などです。

美術や音楽を愛したフィリップは、ワインを音楽に例え、どちらもハーモニーが重要だといいたかったに違いありません。

「シャンパーニュは、飲んだあとも女性が美しいままでいられるただ一つのワインです」

ポンパドゥール夫人

ポンパドゥール夫人は、フランス国王ルイ15世の公妾です。湯水のように金を使って、あちこちに邸宅を建てさせたようで、現在の大統領官邸のエリゼ宮もポンパドゥール夫人の邸宅の一つです。

ポンパドゥール夫人は、政治に関心の薄いルイ15世に代わって権勢を振るうようになりました。例えば、エティエンヌ・フランソワ・ド・ショワズールは、ポンパドゥール夫人の推薦で1758年に外務大臣となり、戦争大臣なども兼務し、10年にわたって事実上の宰相となりました。このようにポンパドゥール夫人は政治を牛耳る「影の実力者」でした。この時ポンパドゥール夫人は「私の時代が来た」といったと伝えられています。

ポンパドゥール夫人は、ワイン好きであったことでも知られます。ブルゴーニュのワインが好みで「サン・ヴィヴァン修道院」所有の「ロマネ」の畑が売りに出された時、自分の力を誇示するためにも、最高といわれていた「ロマネ」の畑を手に入れようとしました。しかし、コンティ公ルイ・フランソワ1世は、この話を聞きつけてすぐさま大金を用意し、ポンパドゥール夫人との争奪戦を繰り広げました。

ブルゴーニュ・ワインを嫌いになった理由

1760年、ついに「ロマネ」の畑はコンティ公ルイ・フランソワ1世のものとなりました。彼は「ロマネ」の畑を『ロマネ・コンティ』と名付け、世界最高級のワインをつくることにしました。ポンパドゥール夫人は「ロマネ」の畑を入手することができなかったため、ブルゴーニュ・ワインが嫌いになり、ヴェルサイユ宮殿からすべてのブルゴーニュ・ワインを遠ざけたともいわれます。

そこで次に目をつけたのが、当時はあまり注目を集めていなかったシャンパーニュ地方の発泡性ワイン（シャンパン）やボルドー地方のシャトー・ラフィット・ロートシルトのワインで、それらを生涯愛飲したとされます。

つまり、ポンパドゥール夫人が、ボルドーワインやシャンパーニュのブームをもたらしたのです。

シャンパーニュは、アルコールによる精神リラックス効果や炭酸ガスの刺激によるガストリン生成促進効果によって、消化活動を高めます。また、グルコースとエタノールが存在する酒類の中では、エチルグルコシドという肌の保湿効果がある成分がつくられます。シャンパーニュのように酵母を含んだボトルを長期間熟成させたものには、エチルグルコシドが多く生成されていると考えられます。このように、内面からの美容効果も期待できるのです。

シャンパーニュの美容効果によって「飲めば飲むほど女性が美しくなる」のかもしれません。

あとがき

有史以来、様々な場面に登場するワイン。歴史上の英雄たちもやはりワインを飲んでいました。アレクサンダー大王やクレオパトラ、織田信長、徳川家康、さらにはナポレオンに至るまで、ワインにまつわる逸話は数多くあります。また、近年では、嗜好性アルコール飲料としてだけでなく、ポリフェノールを多く含むワインを健康目的で飲む消費者も増えてきています。

日本では、明治以降、他の国とは異なる酒税法に基づいて、ワインを果実酒として取り扱い、他の果実でつくったものとの区別はされていませんでした。しかし、2018年に新しい「告示」が発布されました。これは、フランスやイタリア、アメリカに負けない国際規定にならった厳格なもので、「日本版のワイン法」ともいわれます。ワインの製造・飲酒といった文化を醸成し、これから世界でも注目されていくことでしょう。本書がこうしたわが国におけるワイン文化の一助になることを願います。
最後に、発酵学全搬のご指導をいただいているNPO法人発酵文化機構理事長で東京農業大学名誉教授の小泉武夫先生、ワインの美味しさ・面白さを教えていただいた日本輸入ワイン協会事務局長の遠藤利三郎先生、現在もワイン醸造学／オエノロジーの研究でご指導いただいている戸塚昭先生に感謝申し上げます。

金内　誠

◆参考文献

◇Hugh Johnson：Hugh Johnson's Story of Wine Mitchell Beazley 1989
◇日本西アジア考古学会　古代西アジアの食文化 ～ワインとビールの物語～ 2014
◇ジャン＝ロベール・ピット、幸田礼雅訳：ワインの世界史　原書房　2012
◇ジョナソン・アルソップ著　辰巳琢朗監修：ワインの雑学365日　産調出版　2011
◇エノテカオンライン：https://www.enoteca.co.jp/article/archives/4089/
◇佐藤充克：日本醸造協会誌　107　740-749, 2012
◇小泉武夫編著　発酵食品学　講談社　2012
◇山本博：シャンパン物語　柴田書店　1992
◇ユーキャン　発酵食品ソムリエ講座テキスト2　世界に広がる発酵食品と健康　ユーキャン　2020

◇シャンパーニュの世界を探る：https://www.champagne.fr/ja

◇農林水産省　知れば知るほど奥が深い！ワインの豆知識：https://www.maff.go.jp/j/pr/aff/2101/spe1_04.html

◇中島雅己、阿久津克己：Botrytis cinerea の病原性因子　日植病報　80特集号：56-64　2014

◇J. A. VINSON and B. A. HONTZ: J. Agric. Food Chem, 43, 401-403 1995

◇M. STRUCK, T. WATKINS, A. TOMEO, J. HALLEY and M. BIERENBAUM: Nutr. Res., 14 (12), 1811-1819 1994

◇https://crd.ndl.go.jp/reference/modules/d3ndlcrdentry/index.php?page=ref_view&id=1000201583

◇東京化成工業：酒石酸にまつわるエトセトラ　https://www.tcichemicals.com/JP/ja/support-download/cs_pickup/tartaricacid

◇櫻井和俊：香りの分析と香りの効果効能について　日本食生活学会誌　21、179-184　2010

◇ワイン学編集委員会：ワイン学　産調出版　1991

◇葉山考太郎：ワイン道　日経ＢＰ社　１９９６
◇朱鷺田祐介：酒の伝説　新紀元社　２０１２
◇Cyprus trade center：https://www.cyprustradeny.org/browse/files/147f3e77ad034d248579dbe893c5adfd/embed
◇Burke A Cunha: The death of Alexander the Great: malaria or typhoid fever? Infect Dis Clin North Am. 18, 53-63. 2004
◇宮城県酒造組合：https://miyagisake.jp/history/
◇キリンホールディングス：https://museum.kirinholdings.com/person/wine/01.html
◇エスクァイヤ日本版：https://www.esquire.com/jp/news/a30699175/17th-century-wine-discovered-shipwrecked/
◇佐藤文比古：江戸時代酒石考　日本医史学雑誌　10　61-63　１９６４
◇ボルドー委員会：https://www.bordeaux-wines.jp/knowledge/bordeaux-wine-classification.html
◇F. Biasi et：Wine consumption and intestinal redox homeostasis. Redox Biol. 2014; 2: 795-802. 2014

◇田村隆幸：日本醸造協会誌　１０５　139-147、２０１０
◇三橋富子　妻鹿絢子　田島真理子　荒川信彦：マリネ条件下の筋原繊維たん白質におよぼすカテプシンＤの効果　家政学雑誌　32巻4号 265-269　１９８１
◇D. C. Watts：http://www.glassmaking-in-london.co.uk/ravenscroft
◇Fuguja.com：https://fuguja.com/george_ravenscroft
◇4アカデミー・デュ・バン：https://www.adv.gr.jp/blog/way-of-drinking/
◇きた産業株式会社：https://kitasangyo.com/pdf/e-academy/n2-o2-co2-gas/making_sparklingwine_ed6_2.pdf
◇恩田匠：シャンパーニュ地方におけるシャンパーニュづくり（後編１）日本醸造協会誌　１１３　212-225, ２０１８
◇恩田匠：シャンパーニュ地方におけるシャンパーニュづくり（後編２）日本醸造協会誌　１１３　296-307, ２０１８
◇恩田匠：アサンブラージュ　日本醸造協会誌　１０９　168-180, ２０１４
◇ワインコミュニケーション協会：https://winecomm.org/
◇J. A. VINSON and B. A. HONTZ: J. Agric. Food Chem, 43, 401-403 1995

◇M. STRUCK, T. WATKINS, A. TOMEO, J. HALLEY and M. BIERENBAUM: Nutr. Res., 14 (12), 1811-1819 1994
◇三橋富子ら：家政学雑誌　32巻4号 p. 265-269　1981
◇広常正人　日本醸造協会誌　77巻6号　393-397　1982

金内　誠（かなうち　まこと）
1971年山形県生まれ。東京農業大学大学院農学研究科博士後期課程生物環境調節学専攻修了。博士（生物環境調節学）。1999年カリフォルニア大学デーヴィス校博士研究員、不二製油（株）入社、フードサイエンス研究所配属。2005年4月宮城大学食産業学部フードビジネス学科助手採用。2009年4月同准教授、2017年より同教授。2021年 NPO 法人発酵文化推進機構副理事長。
主な著書・論文等：『発酵食品学』（小泉武夫編、講談社）、『すべてがわかる！「発酵食品」事典』（世界文化社）、『発酵の教科書』（IDP 出版）、『理由がわかればもっとおいしい！発酵食品を楽しむ教科書』（ナツメ社）、Lactic Acid Bacteria: Methods and Protocols: Methoods in Molecular Biology.（Humana）など多数。

IDP新書 015

ワインの教科書《きょうかしょ》
2024年4月11日　第1刷発行

著　者　金内　誠
発行者　和泉　功
発行者　株式会社 IDP出版
〒107-0052
東京都港区赤坂4-13-5-143
電話 03-3584-9301　ファックス 03-3584-9302
http://www.idp-pb.com

印刷・製本　藤原印刷株式会社

ISBN 978-4-905130-44-4　C 0277
Printed in Japan